米粒Q的
環遊世界餐桌

米粒Q／著

MillyQ

Recipes and stories,
let's go home with me.

" 簡單快速就得分！
隨時隨地用最有風情的方式暖心暖胃上菜啦！"

這不是一本總鋪師教你如何做大菜的專業書籍，也不是一本教你如何出師的寶典菜譜，但，這也絕不只是一本要你跟著步驟按部就班，我說一你做一的食譜工具書。

這本食譜書講的不是技巧，而是如何將生活的細微關注與旅遊的浪漫記憶，轉化成對料理的豐富靈感，用味道一起去旅行。所以，不妨把這本食譜書當作一本以料理環遊世界的故事集來讀吧！透過我多年集結的小筆記與小日記，也許你會發現做菜其實比你想的還要有趣！（尤其是當你嚐到被稱讚的甜頭後。笑。）

希望這本書能讓你經由自己動手做，找到關掉手機也關掉電視，只專注好好吃飯跟分享美食的樂趣，並且透過料理在餐桌上環遊世界，讓送進口中咀嚼品嚐的不只是食物，更是文化，也是過去歷歷在目的回憶，甚至對未來精彩可期的嚮往。

沒有華麗燦爛的炫技、沒有難以取得的食材、沒有複雜的備料烹煮程序，我寫作這本書最簡單的初心，只想告訴你，下廚做料理無需戰戰兢兢照本宣科，因為料理就像任何一項藝術創作，你絕對可以有不設限的想法跟大膽嘗試，最後研發出屬於自己的終極食譜！一切始於動手做，再透過做中學，最後必能漸漸掌握精髓，端出自己最拿手的私房菜！

所以，不用太拘泥什麼材料要幾克、什麼醬料要幾匙，放輕鬆點吧！本書的材料跟調味料準備，都只需當作大略的參考，因為偏好清淡或愛重口味，我們每一個人的喜好都不一樣，家中鍋碗瓢盆的大小也不盡相同，煮出來餵食的人數分量也多寡不一。所以，最重要的是掌握訣竅並習得靈活拿捏。那麼，不論口味，不論一人、兩人、三人、四人、六人、八人、甚至十幾二十幾人，在任何情況、任何分量、任何場合下，你都能輕鬆出菜！

如果你是料理新手，希望這本書可以就此終結你一進廚房就是地獄的浩劫；如果你是料理高手，希望這本書也能提供你一些快速、簡單、方便、有趣的煮食靈感。透過這本食譜書，願我們都能有感地好好吃飯並且用心生活，透過手作料理的溫度療癒自己跟他人的身心脾胃，透過對餐盤器皿的精心挑選搭配，成為懂得煮、懂得吃、懂得風格、懂得好好生活的品味達人！

現在，就讓我們在餐桌上旅遊吧！

Chapter / **III**

優雅法國餐桌
FRENCH CUISINE

Chapter / **V**

情迷中東
MIDDLE EASTERN CUISINE

Chapter / **IV**

熱情拉丁味
LATIN CUISINE

I

臺式料理
屬於「家」的溫暖味道

TAIWANESE
CUISINE

肉絲白菜炒年糕 / 黑棗土雞腿麻油雞湯 / 乾煸四季豆 /
蛤蠣絲瓜 / 臺灣夜市雙色地瓜球 / 桂圓米糕 /
鐵觀音鍋煮奶茶 / 薰衣草冰磚奶茶

Taiwanese Cuisine
臺式料理 屬於「家」的溫暖味道

〞不論是過年還是過節，所有思鄉的時刻，
這一桌永遠都是最解鄉愁的靈魂食物！〞

關於卜廚做料理，你的想法是什麼？我想，就先從讓自己好好吃飯開始。懂得照顧好自己，也才有辦法照顧到別人，嘴裡吃得熱呼呼，心裡也跟著熱呼呼，我想為自己跟大家端上的臺式料理，是我無論旅居到世界上哪一個地方，當感到疲累時立刻就能充電的思鄉家常料理！

小時候，米爸總會讓我坐在他的肩上，然後拿出他騎摩托車去黃昏市場買的肉、買的魚、買的菜、買的蛋，在廚房的小流理臺旁邊哼歌邊洗菜。我坐在他的肩頭上（當然雙手緊抓著他的頭髮）看他切菜、備料、下鍋、翻炒，然後驕傲地端著剛起鍋正冒著白煙跟飄香的料理，對我說：「妳看看！一家炒肉萬家香有沒有！」他還會故意把廚房的窗戶打得更開一些，讓菜香味飄進鄰居家。

最早的漢子米爸，據說其實是不會煮菜的，但單親爸爸為了要餵食照料小女兒的一日三餐，他認真向從前開自助餐店的米阿嬤求師。我記得他第一道學的菜色是「炒豆干」，因為便宜、營養、又好吃。

這一炒，他鐵漢一般誓言要炒出全世界最好吃的豆干！為了讓這道菜色爐火純青且青出於藍勝於藍，他每一天都在炒。豆。干。他還跟我的叔叔比賽炒豆干，因為我叔叔也覺得他的炒豆干才是全天下無敵好吃！於是，米阿嬤的炒豆干、米爸的炒豆干、米叔叔的炒豆干，最瘋的時期，一個餐桌上同時出現這三人的炒豆干，三盤炒豆干擺在眼前，要全家評評理誰炒得最好吃！究竟這是什麼炒豆干錦標賽！

　　是的，所以我的食譜裡，絕對不會出現炒豆干！歆對，因為我吃——到——嚇——壞——了（哭笑不得，你以為我也要端出全世界最好吃的炒豆干嗎⋯⋯我全世界最不想看到的菜色之一就是炒豆干好嗎？）除了讓我臉色一陣青一陣白的炒豆干，米爸還有很多拿手菜，感謝列祖列宗它們沒有被列為比賽項目，像是炒年糕、麻油雞、乾煸四季豆，這些對我而言都是爸爸的味道，都是記憶的味道，都是思鄉的味道，在異鄉跟異地感到孤單寂寞的時候，我總會還原這些家的味道。

　　你知道的，成長的路上總會遇到一些挫折，也許被騙了、也許被弄了、也許被罵了、也許被擺道了、也許被傷了、也許被嘲笑了、也許被辜負了，太多的也許，就這麼衰小也許又加上一場無情大雨將你打的又溼又冷。沒關係，你有聽過一句話嗎？「什麼都能放下，只有你的筷子不能！」

　　希望我端出這一桌屬於「家」的溫暖味道，能讓你吃一口年糕，喝一口雞湯，嚐幾條四季豆，舀幾匙蛤蠣絲瓜，塞幾顆地瓜球，嗑幾口米糕，再大口咕嚕咕嚕喝一杯療癒奶茶，待酒足飯飽後，能感受到好好吃飯不需要任何理由，不需要是過年也不必要是過節，只要愛自己，也愛著與你圍繞在餐桌旁的人，透過料理一同獲得溫暖與滿滿力量就夠了。

01 / 肉絲白菜炒年糕

因為我很愛吃黏牙、QQ 有嚼勁跟難消化的東西，所以不知道從什麼時候開始，米爸很熱衷做這道肉絲白菜炒年糕給我吃（笑）。大部分年糕都是切片煮湯，但用炒的其實味道跟口感更好！這道好像是主食又好像是一道菜的料理，在我們家就是視同炒麵這類的主食來吃。因為年糕其實非常有飽足感，同時比較難消化，所以吃一、兩碗應該就差不多飽撐了。加上這一大盤有香菇、有蝦米、有肉片、有白菜，這麼豐富的配料當主食吃真的很可以！（但你可別忘了留點胃給後面陸續要上桌的料理啊！）

TIPS __ 切片的寧波年糕記得最後才下鍋跟所有配料一起大火翻炒，切忌炒過久。炒久變軟過頭的年糕一旦失去那股 Q 彈嚼勁，就不對了呀！

主食材

寧波年糕	300g
包心白菜	350g
香菇	3 朵
蝦米	10g
梅花肉或五花肉	250g

（梅花瘦一些，五花肥一些）

調味料

辣椒片	2 瓣
醬油	2 匙
黑醋	3 匙
白胡椒	少許

皆可依個人口味斟酌適量

1　白菜切成大片，香菇切絲，蝦米泡水，梅花肉或五花肉切成肉絲。

2　熱鍋，下油，放入辣椒片、香菇、蝦米、肉絲，大火炒熟所有食材後，加入白菜。

3　加入醬油、黑醋、白胡椒調味，一起翻炒至白菜出水。

4　加入切片的寧波年糕，以大火炒約 2~3 分鐘，切勿炒過久使年糕變太軟。

5　完成起鍋！

Note

喜歡吃白菜的人，這道菜可以多加一些下鍋炒，出水的白菜能讓年糕跟所有配料的味道都更好，而吸飽醬汁的爽脆白菜吃起來更是舒暢啊！這道菜除了年糕好吃，我也給太對的白菜大加分！

02 / 黑棗土雞腿麻油雞湯

這道菜必須上桌！只因為這道菜有爸爸的味道，我從小吃到大！（感謝它沒有變成令我心生畏懼的炒豆干）還記得小時候我家巷口有個小路邊攤，老闆娘很妙，什麼都不賣，就只單賣麻油雞湯跟麻油雞飯這兩樣。那時穿著黑色皮夾克的米爸常會騎著摩托車（扮演湯姆‧克魯斯），到那間騎樓下燈光昏黃的小攤販前買夜宵。我們會坐在屁股剛貼下去實在有夠冰冷的生鏽鐵椅上，吃著熱呼呼的麻油雞，如果下雨，就改成打包回家嗑。那是我童年某幾個印象深刻的回憶之一。不知道後來老闆娘去哪了，但米爸已在無數次的夜宵中嚐出祕密的獨門食譜，偷偷在廚房裡試了又試！我以為吃東西就是吃東西，沒想到米爸惦惦吃三碗公，他就是要吃出不可能的任務啊！（咦）

TIPS __ 為了肉滑鮮甜好好吃，記得選用土雞腿肉，絕對一上桌，肉塊便在移形換影的筷陣之中消失於無形。

主食材

土雞腿	1 隻
枸杞	1 小把
黑棗或紅棗	10 顆
紅標米酒	400ml
水	300ml

調味料

老薑	50 克
黑麻油	4 大匙
冰糖	1 小把
鹽巴	適量

皆可依個人口味斟酌適量

1　薑切片，黑棗劃開，枸杞泡水備用，雞腿切塊。

2　冷鍋下 4 大匙黑麻油，開小火煸薑片至捲曲起毛邊。

3　加少許鹽巴，放入切塊雞肉炒至雞肉表面略微上色。

4　放入 400ml 紅標米酒、300ml 水、黑棗及枸杞，開中火煮滾。

5　接著轉小火繼續滾約 20 分鐘（記得一定要用小火，雞肉才會軟嫩）。

6　起鍋前放入冰糖，試試湯頭。需要的話，可以再加入少許鹽巴跟黑麻油提味。

Note

喜歡酒味濃一點的人，可以不加水，全部使用紅標米酒來煮。想要酒味濃一點就滾煮少一些時間，想要酒味淡而湯頭甜，就滾煮長一些時間直至酒精揮發散去。純酒麻油雞非常大人系，更適合冬天暖身進補。

03 /乾煸四季豆

「妳要爸爸加很多很多肉末嗎？」「嗯！要很多很多！」「比四季豆還多？」「嗯！比四季豆還多更多更多！」人家的乾煸四季豆，明明重點是在吃四季豆，但米爸卻用滿滿的肉末（根本為我量身變成肉末淹沒四季豆），讓小時候不愛吃青菜的我，咻咻咻地伸長筷子猛夾這道菜！炸到焦脆入味的四季豆，配上又香又辣的肉末，這道菜只要一上桌，我不扒個兩、三碗白飯沒可能啊！你也是吧？

TIPS __ 記得乾煸四季豆一定要先下鍋油炸，不能直接煸炒，要是少了這一步，口感可就不夠焦脆，不夠入味好吃啦！

主食材

四季豆 _____ 200g
豬絞肉 _____ 150g

調味料

辣椒片 _____ 2 瓣
大蒜 _____ 5 瓣
蔥花 _____ 1 小把
醬油 _____ 1 匙
白胡椒 _____ 少許

皆可依個人口味斟酌適量

1 將大蒜切碎成蒜末。

2 開中火熱鍋，加入適量足夠炸四季豆的食用油。

3 將四季豆以中火炸至微皺卻不焦的程度，炸好後撈起放在一旁備用。

4 炒菜鍋中只留一點點油，倒出方才多餘的油。

5 下蒜末跟辣椒片稍微爆香，再下豬絞肉拌炒。

6 將豬絞肉炒熟後，倒入炸好的四季豆一起大火快炒。

7 最後加入一小把蔥花、醬油，撒一點白胡椒，稍微拌炒即可起鍋！

Note
這道乾煸四季豆不論是豆子還是肉末，吃起來就是又香又辣超下飯，記得白飯多煮一點！

04 / 蛤蠣絲瓜

記得小時候，米阿嬤在自家四樓的寬闊頂樓種了好多好多絲瓜！又大又翠綠的絲瓜，一條條垂掛在綴著幾朵黃色絲瓜花的瓜棚架上，米阿嬤拿著剪刀，揮汗一剪，一條紮紮實實的大絲瓜就落到我的懷裡。米阿嬤可謂是種菜達人，四樓不但有絲瓜，還有辣椒，還有金桔，還有番茄，還有一大堆要做菜就能直接上去採摘的蔬菜水果，在這個部分，她一直是我心中的魔法阿嬤。

TIPS __ 這道菜不需要一直翻炒，以加熱燜煮的方式更能煮出蛤蠣與絲瓜的甜味唷。

主食材

蛤蠣	300g
絲瓜	1 條
水	200ml
枸杞	1 小把

調味料

薑絲	少許

皆可依個人口味斟酌適量

1　將蛤蠣放入一鍋加入鹽巴的清水中，鋪平不重疊，先吐沙 2~3 小時後，清洗乾淨。

2　絲瓜洗淨削皮，先切圓形厚片，再對切成半月形。

3　鍋內放一大匙油，下薑絲爆香。

4　放入絲瓜快速略為拌炒，炒至表面油亮翠綠，不用炒熟，只要半軟即可。

5　倒入 200ml 水，蓋上鍋蓋，以小火將水煮至滾開。

6　開鍋蓋，把蛤蠣鋪在絲瓜上。

7　再次蓋上鍋蓋，大火煮到蛤蠣全部打開，約需 3 分鐘。

8　開鍋蓋，加入適量鹽巴調味，再放上一小把枸杞。

9　小火燉煮約 1 分鐘即可起鍋！

Note

蛤蠣的鮮，絲瓜的甜，枸杞的補，這道菜就連用湯汁來拌飯都很開胃。

05 / 臺灣夜市雙色地瓜球

當人在異鄉，太想念這道臺灣夜市常見的涮嘴小食怎麼辦？來，你只需要準備三種材料，就能還原這份香香酥酥又燙口彈牙的落淚滋味。

主食材

蜜糖地瓜	100g
紫地瓜	100g
木薯粉	100g

（蜜糖地瓜、紫地瓜各使用 50g）

白砂糖	40g

（蜜糖地瓜、紫地瓜各使用 20g）

1　把 2 種地瓜洗淨削皮後，放入電鍋中蒸熟。

2　將 2 種地瓜分別放入 2 個不同的調理盆中壓成泥，依序加入白砂糖，再倒入木薯粉攪拌均勻，搓揉成一個黃色與一個紫色的麵團。

3　食材比例是參考值，根據使用的地瓜品種會有所不同，所以，搓揉成麵團的過程可依自己的手感來決定食材比例是否需要調整。如果麵團太乾，可以加一點水，反之，若覺得太溼就再加一點木薯粉。

4　完成的 2 坨麵團各自搓揉成長條狀，切成等比例一小段一小段，大概約 2 至 2.5 公分，接著再搓揉成尺寸一致的小圓球。

注意：記得搓球要在麵團還熱呼呼的時候進行，若麵團放涼了，就會比較乾，搓出來的地瓜球就沒那麼漂亮，也容易炸失敗。

5　確認鍋中油溫在 100~120° C 左右，以小火油炸。切忌使用大火，油也絕不能熱過頭，不然地瓜球一入鍋會立馬不留情面燒焦。

6　適時翻動鍋中的地瓜球，等地瓜球一顆顆從油鍋中浮起後轉中小火。

TIPS __炸地瓜球的油溫非常重要，火侯一定要拿捏好，油太熱跟不夠熱都會失敗。另外，在油鍋中一定要反覆持續擠壓地瓜球，它們才會越膨越大顆跟擁有完美空心，嚼起來的口感也才會酥脆彈牙！

7 地瓜球浮起來後，用網勺反覆輕輕按壓地瓜球，壓越多次，地瓜球會變得越膨越大顆（這個步驟非常可愛療癒）。

   注意：一定要確定地瓜球有浮起來，才代表裡面的麵團熟了可以按壓。如果麵團還沒熟就按壓，會讓麵團爆出來，害地瓜球走鐘變形。

8 轉中火，把所有地瓜球炸成漂亮的金黃色。

9 最後起鍋前，再用大火逼出多餘的油，吃起來才不會感覺太油膩。怕油的人，也可以在地瓜球起鍋後用餐巾紙再把油徹底吸一吸。

Note

· 食材比例我自己喜歡的是地瓜 5：木薯粉 2.5：白砂糖 1，也就是說如果地瓜是 100g，那木薯粉就是 50g，白砂糖 20g。

· 白砂糖也可以根據個人嗜甜指數調整分量，像我喜歡吃甜食，但不喜歡過甜的口味，更不喜歡死甜，有點淡淡香氣的甜味是我自己最喜歡的。加上我選擇使用蜜糖地瓜，它本身的香甜味就很足夠，所以在白砂糖的部分我就會盡量再少放一些。

06 / 桂圓米糕

在國外生活，我感到最痛苦的事情之一就是買不到紅標米酒（咦），所以每次有朋友正準備從臺灣飛到世界的某個角落找我，問需要幫忙帶些什麼東西時，我一定不假思索大聲說「紅標米酒！」（好東西啊）那既然都帶了紅標米酒，不好意思，可以再幫我帶一盒龍眼肉跟一包圓糯米嗎？（被揍飛）

TIPS __這道甜點成功的不二訣竅就是紅標米酒跟上好的龍眼肉！

主食材

圓糯米	1 杯
米酒	1 杯
龍眼肉	40g
紅砂糖	10g

皆可依個人口味斟酌適量

1　將一杯圓糯米洗淨後，放進鍋裡鋪平，加入龍眼肉，再倒入 1 杯米酒浸泡（如果 2 杯糯米就泡 2 杯米酒，以此類推）。

2　讓糯米浸泡在米酒跟龍眼肉中約 3 小時，或至少 30 分鐘，泡越久越香！

3　電鍋中倒一杯水，將〔2〕放入電鍋中進行炊煮。

4　待電鍋跳起後，先均勻攪拌糯米，再依照個人口味加入適量紅砂糖，繼續攪拌至紅砂糖溶解。

5　電鍋中再倒入一點點水，蓋上電鍋蓋，再蒸 5 分鐘即完成！

Note

· 龍眼可安神、治療失眠、健忘等，而由龍眼所製成的龍眼乾，在古代被作為食療藥方，不僅有很好的滋補功效，更有美容、養脾胃的作用，無論是體弱貧血還是年老體虛，多吃龍眼都能調養身體，因此龍眼還有「果中神品」的美譽。

· 這一道不論作法或備料都很簡單的傳統小點心，熱呼呼吃最好吃！（要是今天感覺真的懶得煮，把龍眼肉拿來泡茶也可以啦！）

07 / 鐵觀音鍋煮奶茶

鍋煮奶茶百百種，只要能放入鍋子裡煮的，倒出來就是鍋煮奶茶，你可以選擇大吉嶺紅茶，也可以選擇英式早餐茶，或是伯爵、阿薩姆，而我個人特愛東方鐵觀音的香氣，推薦給你們也試試這一味。

TIPS __砂糖當然可以拿來調味熱奶茶，但黑糖的香氣跟以烏龍茶沖煮出來的奶茶特別搭配，不信試試看！

主食材

鐵觀音烏龍茶包 __ 1 個
全脂鮮奶 _____ 160ml
水 _____ 500ml

奶量可依個人喜好調整

調味料

黑糖 _____ 10g

可依個人口味斟酌適量

1　大火煮開水，等水沸騰後放入茶包煮 2 分鐘，拿出茶包。

2　轉小火，倒入鮮奶持續攪拌約 30 秒。

3　關火，倒入黑糖輕輕攪拌直到糖粒完全溶解。

4　將完成的鍋煮奶茶倒入茶壺與茶杯中，熱熱喝最是幸福好喝！

Note

鍋煮奶茶雖然就是放入鍋裡煮，但還是有需要螢光筆畫線的重點訣竅──祕訣就是「用大火煮茶，以小火煮奶！」最後關火加糖，一壺完美的鍋煮奶茶我想不到誰會拒絕。

08 / 薰衣草冰磚奶茶

在家也能像在咖啡館那樣享受，不論是心情、口味還是視覺，你只需要多那麼一點巧思，例如混合茶葉的小絕招，例如事先做幾顆漂亮的薰衣草茶磚，例如一只美到不行的玻璃杯！

TIPS __將伯爵茶與早餐茶混合，就能沖泡出更香醇的茶湯。再以冰磚代替冰塊，茶味則會更加濃厚！

主食材

伯爵茶包 _____ 1 個
早餐茶包 _____ 1 個
冰水 _____ 600ml
冰牛奶 _____ 200ml

奶量可依個人喜好調整

調味料

楓糖漿 _____ 適量

可依個人口味斟酌適量

1　大火煮水，等水沸騰後放入伯爵茶與早餐茶包，煮 2 分鐘，拿出茶包。

2　將煮好的紅茶放涼備用。

3　將薰衣草放入製冰盒中，倒入放涼的紅茶。

4　將製冰盒放入冷凍庫中，製作薰衣草紅茶冰磚（冰凍所需時間約 6~8 小時）。

5　拿出一只漂亮的玻璃杯，在杯中倒入個人喜好甜度的楓糖漿分量，裝滿事先做好的薰衣草紅茶冰磚。

6　往杯中緩緩倒入冰牛奶，一杯絕美的薰衣草冰磚奶茶完成！

> **Note**
>
> 我是個非常非常愛喝奶茶的人，不論是熱呼呼的鍋煮奶茶，或透心涼的冰奶茶我都收！茶湯的香，牛奶的濃，再佐以一點讓心情好起來的甜味，我一直都覺得奶茶是一種會帶來幸福力量的飲料，你喝喝看 :）。

羊乳酪生火腿烤番茄 / 哈密瓜生火腿芝麻葉沙拉 / 庫克太太三明治 /
費城牛肉起司三明治 / 蛤蠣巧達濃湯 / 生火腿蜜桃蜂蜜可頌 /
超爆可愛美式巧克力軟餅乾 / 藍莓杯子蛋糕 / 玻璃罐甜點 / 冰巧克力伯爵茶拿鐵 /
草莓鳳梨果昔 / 奇異果柳橙鳳梨香蕉果昔

II Weekend Brunch
週末的豐盛早午餐

> "不要再用沒有時間當理由，
> 週末總有時間能好好吃上一頓！"

以前的我，其實不太喜歡吃早餐或早午餐，總覺得早上才剛醒來，真心沒什麼食慾，一大早似乎也沒什麼好選擇。直到我在法國醒來、在義大利醒來、在西班牙醒來、在英國醒來、在美國醒來、在匈牙利醒來、在克羅埃西亞醒來、在斯洛維尼亞醒來，在太多太多我已數不清的國家睜開雙眼醒來，不同的餐桌有不同的早餐。最後，當我在土耳其醒來，一走到早餐桌邊，我不敢相信地瞪大雙眼，而前等著我的這個是早餐流水席吧！眼前擺滿至少 16 盤起跳的乳酪、麵包、沾醬、橄欖、果乾，到底是什麼大工要來用膳！我的土耳其「gay 蜜」對我眨眨眼叫了一聲「親愛的」，他看起來稀鬆平常地開始一下吃這盤、一下抓那盤，然後再拿起小杯子喝一口土耳其咖啡，眼前這畫面對我的衝擊程度可想而知！後來，我坐下來才知道，在土耳其早餐不只是早餐，他們很喜歡舉辦早餐聚會，喜歡透過美味的食物、有趣的談天、愉悅的氣氛，營造人與人彼此之間的互動交流，用富足的心靈與精神展開全新的一天。

是啊，多好！有時一人獨享，有時兩人分享，有時跟一大票人共享屬於週末的這份美好。抓出我腦中的資料庫，讓我還原幾道絕對值得起床的精選，組成一桌早午餐共和國！補充能量的現打果汁、醒腦的開胃菜、爽口的沙拉、有飽足感的三明治、暖胃的濃湯、一定要自拍的可愛烤餅乾、經典的杯子蛋糕、創意無限的玻璃罐甜點、餐後的冰巧克力伯爵茶拿鐵！就讓我們像大王一樣睡得晚，像大王一樣吃得好，用信手捻來靈機應變的現成食物，搭配快速料理的小技巧，湊一湊、組一組、配一配，端出創意獨具的豐盛美味早午餐吧！

09 / 羊乳酪生火腿烤番茄

這道簡單又美味的小可愛，很適合當作暖胃小點，揭開美好又慵懶的週末早晨！而且作法超級簡單，沒什麼比這個更輕鬆就能得分的早午餐料理了！

TIPS __ 挑軟一點的番茄，風味更佳！

主食材

大番茄	2 顆
羊乳酪	1 顆
生火腿	1 片

調味料

現磨黑胡椒	少許
特級初榨橄欖油	適量

皆可依個人口味斟酌適量

1 　將烤箱預熱到 200°C。

2 　大番茄洗淨，從 1/3 的位置切開。

3 　將羊乳酪對切成兩半。

4 　將生火腿撕成兩半。

5 　將一半的羊乳酪與生火腿夾進切開的大番茄裡。

6 　放入烤箱烤約 20 分鐘後取出。

7 　上桌前撒一點現磨黑胡椒與淋幾滴特級初榨橄欖油調味，Bon appétit！

Note

不要懷疑，這道作法超簡單的料理，一口咬下卻能嚐到燙口的爆漿美味，再搭配羊乳酪與生火腿的曼妙滋味，整個就是高級啊！

10 / 哈密瓜生火腿芝麻葉沙拉

常見的哈密瓜佐生火腿不稀奇,如何讓這道源自義大利的消暑美味更上一層樓,你會需要一顆哈密瓜跟幾把芝麻葉。

TIPS __ 這道菜的靈魂就是哈密瓜跟上好的生火腿了,務必萬中選一挑出那顆熟度適中甜味驚人的好瓜,也不要吝嗇把錢砸在生火腿上。

主食材

哈密瓜	1 顆
芝麻葉	80g
生火腿	4 片

調味料

特級初榨橄欖油	4 小匙
巴薩米克醋	4 小匙
鹽巴	適量
現磨黑胡椒	少許

皆可依個人口味斟酌適量

1　將哈密瓜從 1/3 處剖開。

2　將哈密瓜果肉仔細挖出來,切成好入口的塊狀,放入調理盆內。

3　將生火腿隨意撕成小片加入調理盆。

4　調理盆內加入芝麻葉,淋上橄欖油跟巴薩米克醋,撒上適量鹽巴與黑胡椒調味。

5　將所有食材拌一拌,再一起放回挖空的哈密瓜殼內,完成!

Note

如果說有什麼好吃、好玩、看起來好可愛,還要話題性十足的沙拉(重點還要做起來不費事),那我想就是這一道了。

11 / 庫克太太三明治

不知道為什麼，每到一間餐廳或者小酒館，我就會想要點一份庫克太太或者庫克先生，總覺得「Madame」跟「Monsieur」聽起來很優雅很法國，就是這麼簡單的原因而已（笑）。直到它們上桌我才發現，更簡單的是這道三明治本人。

你知道庫克太太跟庫克先生的差別是什麼嗎？就差那一顆蛋！所以如果你能動手搞定庫克太太，那一定不會把庫克先生當回事的。

主食材

無鹽奶油	20g
低筋麵粉	10g
牛奶	60ml
鮮奶油	10ml
蛋黃	1 顆
全蛋	1 顆
吐司	2 片
火腿	2 片
格律耶爾（Gruyère）乾酪絲	50g
艾曼塔（Emmental）方形起司片	1 片

調味料

海鹽	適量
鹽巴	少許
現磨黑胡椒	少許
肉豆蔻	少許
第戎（Dijon）帶籽芥末醬	適量

皆可依個人口味斟酌適量

1 烤箱以 220°C 預熱。

2 將無鹽奶油切成小塊，放入有深度的小鍋中以小火加熱融化。

3 小鍋中加入低筋麵粉，以手動攪拌器快速且持續攪拌約 1 分鐘，直到冒起一點小泡泡的濃稠程度（記得千萬不要燒焦了）。

4 小鍋中倒入牛奶持續攪拌約 2 分鐘，至白醬越來越濃稠，冒出小泡泡的程度。

5 關火，加入鮮奶油、1 顆蛋黃、格律耶爾乾酪絲，持續攪拌。

6 加入海鹽、現磨黑胡椒、現磨肉豆蔻，均勻攪拌後即完成乳酪白醬，放涼備用。

7 將〔6〕乳酪白醬塗抹在兩片吐司上。

8 將艾曼塔方形起司片放在一片吐司上，再抹上第戎芥末醬。

TIPS __ 這道看似簡單的法式三明治，大量的起司跟「乳酪白醬」（Mornay Sauce）是精髓！

9　擺上 2 片火腿，再撒滿格律耶爾乾酪絲，再將另一片吐司蓋上來。

10　在吐司的正面再塗抹一層厚厚的〔6〕乳酪白醬。

11　再撒滿一層格律耶爾乾酪絲，將吐司送入烤箱，以 220° C 烤約 10 分鐘，直到乳酪白醬與乾酪絲變成漂亮的金黃色後取出。

12　在平底鍋中倒油，煎好一顆漂亮的半熟太陽蛋，以少量的海鹽、黑胡椒、肉豆蔻調味。煎好後直接放到三明治上，完成！

Note

烤好的庫克太太跟庫克先生一定要趁熱吃！燙口咬下有濃郁的乳酪白醬，有牽絲的起司，再搭配那顆傾瀉金黃蛋液的半熟蛋！看似簡單的三明治，根本一點也不那麼簡單啊！

12 / 費城牛肉起司三明治

簡單又美味，大口咬下去有肉有牽絲，一吃上癮的費城牛肉起司三明治，獻給所有跟我一樣重口味的 Meat Lovers ！

TIPS＿伍斯特醬（Worcestershire sauce）是這道料理的靈魂！說什麼都要買到！

主食材

無鹽奶油	40g
法棍	½ 或⅓根
雪花牛肉片	2 片
洋蔥	¼ 顆
莫札瑞拉（Mozzarella）乳酪絲	1 把
艾曼塔方形起司片	1 片

調味料

伍斯特醬	1 小匙
鹽巴	適量
現磨黑胡椒	少許
第戎帶籽芥末醬	1 小匙

1 將洋蔥去皮切絲，牛肉片用手撕成小片。

2 熱鍋下 20g 無鹽奶油，加入洋蔥炒軟，以鹽巴跟黑胡椒調味。

3 放入牛肉片，加入伍斯特醬一起拌炒至約 6 分熟，再加入莫札瑞拉乳酪絲拌炒至 7 分熟。

4 拿出另一平底鍋，小火熱鍋後，加入 20g 無鹽奶油，待奶油融化，將法棍縱向切開，切開的那面朝下放入平底鍋，吸滿奶油香氣且煎到略微金黃上色後取出。

5 將 1 片艾曼塔方形起司片切成 3 份，平均鋪進煎過的法棍裡，抹上一層第戎帶籽芥末醬，再疊上炒好的〔3〕牛肉片（喜歡濃郁起司口感的人，加 2 片艾曼塔方形起司片又有何不可）。

Note 偏好麵包要有酥脆口感跟嚼勁的人，可以使用法棍，如果喜歡香軟口感的人，以吐司替代做成熱壓吐司當然也沒問題！

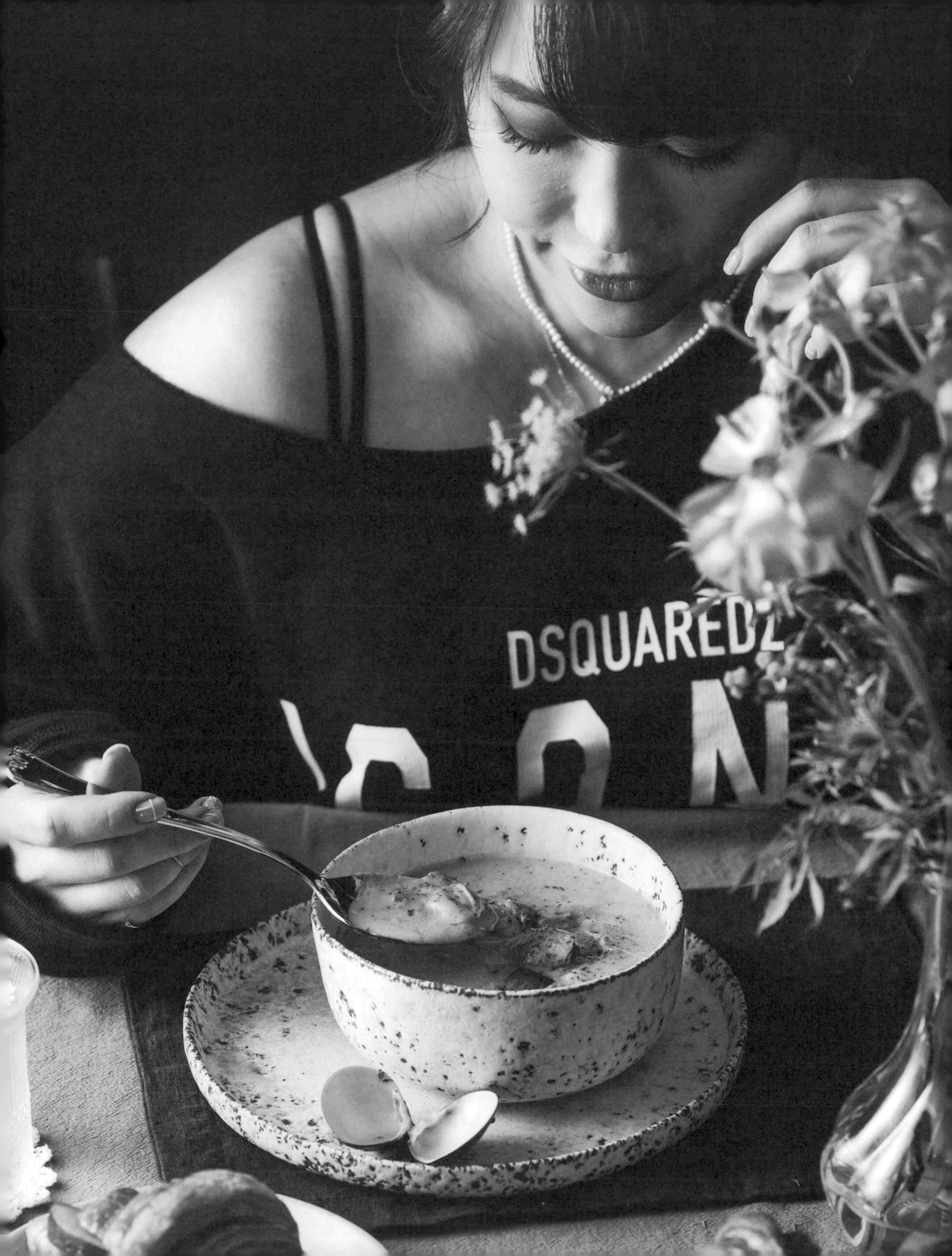
DSQUARED2

13 / 蛤蠣巧達濃湯

我第一次喝到蛤蠣巧達濃湯，是在舊金山漁人碼頭那間位於 39 號碼頭上，知名的百年老店「Boudin Bakery & Café」。當頭髮被碼頭的強風吹到已是《瘋女十八年》的地步，真的很需要來一碗熱呼呼的濃湯鎮定舒緩我的太陽穴。

TIPS __ 肥美的蛤蠣，濃郁的湯頭，鬆軟的馬鈴薯，香甜的玉米粒，奶油的香氣從第一口纏綿至最後喝盡的那一滴，暖胃又療癒的蛤蠣巧達濃湯，搭配剛烤好的麵包，這還不是幸福的味道那什麼才是？

主食材

蛤蠣	300g
培根	3 大片
大馬鈴薯	1 顆
洋蔥	半顆
玉米粒	1 罐
無鹽奶油	15g
低筋麵粉	20g
鮮奶油	50g
牛奶	150g

調味料

歐芹（Parsley）	適量
百里香	適量
海鹽	適量
現磨黑胡椒	少許

皆可依個人口味斟酌適量

1　將所有蛤蠣洗乾淨，不重疊平放在一個大碗裡。加鹽水淹滿蛤蠣，泡約 20 分鐘讓蛤蠣吐沙。

2　煮一鍋 1000ml 滾水，加入少許鹽巴，放入吐完沙的蛤蠣，以中火滾約 10 分鐘直到蛤蠣殼全打開，煮好後保留蛤蠣水。

3　撈出蛤蠣，取出蛤蠣肉，剁成好入口的大小，放在一旁備用。

4　開中火熱平底鍋，放入培根，煎到金黃焦脆後將培根取出切成小塊，放在　旁備用。

5　將洋蔥去皮切丁。

6　取另一只平底鍋，開小火加熱，放入一小塊無鹽奶油，再加入〔5〕的洋蔥丁，放入百里香一同拌炒，直到洋蔥顏色轉為半透明。

7　將〔6〕全部倒入一個大湯鍋中，開小火，再加入無鹽奶油與麵粉，持續不斷攪拌約 1 分鐘後，再加入鮮奶油攪拌 1 分鐘。

8　將洗淨削皮的馬鈴薯切成小立方體，加入大湯鍋中，再倒入玉米粒跟約 800ml 的蛤蠣水，煮滾。

9 煮滾後，轉小火繼續滾湯約 30 分鐘，直到馬鈴薯塊全部燉到鬆鬆軟軟。

10 以歐芹、海鹽、現磨黑胡椒調味。

11 最後將蛤蠣肉與培根塊倒入大湯鍋中攪拌，再煮約 2 分鐘即可熱呼呼暖心上桌！

14 /生火腿蜜桃蜂蜜可頌

外殼酥脆，內殼柔軟，還有著可愛的半月型，這就是大家都熟悉的可頌。但，可頌除了直接吃，還有什麼吃法？鹹鹹甜甜的生火腿蜜桃蜂蜜可頌，你咬一口看看，跟週末的早晨特別搭配。

TIPS __ 可頌要好吃不是那麼容易的事，酥脆度很重要。既然要借花獻佛，那更得好好選好好借啊，你必須先去找到天底下最好吃的可頌。

主食材

可頌＿＿＿＿＿＿＿ 1 個
生火腿＿＿＿＿＿ 1 片
桃子＿＿＿＿＿＿ 半顆

調味料

蜂蜜＿＿＿＿＿＿ 適量
特級初榨橄欖油 __ 適量

皆可依個人口味斟酌適量

1 烤箱以 200°C 預熱。

2 將可頌橫向切開不切斷，放入烤箱約 3 分鐘。

3 在烤好的可頌裡夾入 1 片生火腿跟切片的桃子。

4 淋上少許蜂蜜，滴幾滴優質的特級初榨橄欖油，完成！

Note

借花獻佛就是這麼簡單，誰說喝牛奶一定要自己養牛！咬一口可頌配上濃湯，特別有種溫柔又幸福的感覺。我是個非常愛濃湯的人，比起清湯，總覺得一碗濃湯除了暖胃也很具飽足感，真的是早上、中午、晚上，甚至連宵夜場都適合喝濃湯啊！但是，蛤蠣巧達濃湯這樣煮真的是太好喝了，我怕早午餐一開動，還等不到中午就喝完了（笑）。

15 / 超爆可愛美式巧克力軟餅乾

外酥內軟的口感，也太「涮嘴」了吧！造型還這麼可愛是要逼死誰？完全是停不下來的節奏啊！這罪惡的巧克力軟餅乾！（嗯，我要去砸爛體重計了）

TIPS __水滴巧克力、大小顆棉花糖、Oreo 巧克力餅乾、小熊或其他可愛的造型餅乾，都可以用來裝飾。

主食材

無鹽奶油	70g
紅砂糖	15g
白砂糖	10g
全蛋	1 顆
低筋麵粉	130g
泡打粉	1.5g
可可粉	10g
鹽巴	1g

配料

造型餅乾	適量

器具

手持攪拌棒
烘焙紙

1　烤箱以 175°C 預熱。

2　將奶油放於室溫軟化，先加入紅砂糖攪拌均勻，再加入白砂糖攪拌均勻。

3　將雞蛋打散，分 2 次倒入〔2〕中攪拌均勻。

4　將過篩的低筋麵粉、泡打粉、可可粉、鹽巴全部加入〔3〕後，以手持攪拌棒均勻攪拌成團。千萬不要過度攪拌，一旦不再看到白白的粉末即可停手。

5　很喜歡吃巧克力的人，可以再加入適量的水滴巧克力輕輕攪拌。

6　取約 35g 的麵團揉捏成圓形，塞入一顆大棉花糖。記得讓棉花糖在上方露出一小部分，方便最後用來固定造型餅乾。

7　將一個個揉捏好也加入大棉花糖的餅乾麵團，以一定的間隔距離擺放在鋪好烘焙紙的烤盤上。

8　將烤盤送進烤箱，以 175°C 烤 12~15 分鐘。

9　取出烤盤，放上搗碎的 Oreo 餅乾跟其他造型餅乾做裝飾。也可以加幾顆迷你棉花糖，好吃又可愛的美式巧克力軟餅乾完成！

Note

超爆可愛的造型絕對讓人無法冷靜計算卡路里，吃完一塊又拿一塊，剛烤好的美式軟餅乾熱呼呼只融你口不融你手實在太上癮！（誰也轉身去把體重計砸爛了？）

16 / 藍莓杯子蛋糕

我在倫敦買了一塊經典的板子，襯著粉紅色底的白色字宣示般寫著「Keep Calm and Eat Cupcakes」，我與杯子蛋糕的情緣就是這麼開始的。

TIPS __記得麵糊不要倒滿杯子蛋糕紙模，要預留一點空間，不然麵糊會膨脹跑出來，變成悔不當初的形狀。

主食材

無鹽奶油	90g
白砂糖	50g
全蛋	2 顆
泡打粉	4g
低筋麵粉	130g
牛奶	60ml
新鮮檸檬汁	5ml
香草莢	½ 根
新鮮 (冷凍) 藍莓	130g
檸檬皮屑	少許

器具

電動攪拌器
杯子蛋糕模具
杯子蛋糕紙模

1　烤箱以 175°C 預熱。

2　將奶油放於室溫軟化，加入白砂糖，以手持電動攪拌器攪拌均勻。

3　分 2 次打入雞蛋，繼續攪拌均勻。

4　加入泡打粉，再分 2 次加入過篩好的麵粉，繼續攪拌均勻。

5　倒入牛奶跟檸檬汁，劃開香草莢取出香草籽加入〔4〕，繼續以電動攪拌器攪拌至麵糊呈絲滑狀態。

6　分次放入清洗好的藍莓，以刮刀輕輕攪拌麵糊。

7　烤模內依序放入杯子蛋糕紙模，再將完成的藍莓麵糊依序倒入紙模約 9 分滿。

8　放入烤箱，以 175°C 烤約 18~20 分鐘，取出烤盤。

9　在杯子蛋糕正面的裂縫處，或自行以小刀劃出裂縫，塞入 2~3 顆新鮮藍莓後，放入烤箱烤 5 分鐘，取出後即完成。（喜歡檸檬香氣或想要有點苦甜的大人系路線，可以刨一些檸檬皮屑添加風味層次。）

Note
如果想要進一步讓你的藍莓杯子蛋糕看起來更厲害，你甚至可以在上頭擠花，創意妝點上其他色彩繽紛的水果們，家常版的杯子蛋糕就能搖身一變為排隊爆款哦！

17 / 玻璃罐甜點

什麼都要自己從頭開始也太累，想要維持週末的「chill」步調跟心情，懂得靈活運用現有食材，學會擺盤也是種不得了的才華跟藝術好嗎？

TIPS __這是一道不會做甜點的人也能輕鬆完成的甜點，唯一的訣竅就是借花獻佛要做得漂亮，一定要靠豐富繽紛的材料來取勝！噢，還有一只漂亮的玻璃罐！

主食材

蛋糕吐司	1 片
消化餅	6 片
Oreo 餅乾	4 片
迷你 Oreo 餅乾	3 枚
Pocky 巧克力棒	2 根
香蕉	½ 根
草莓	4 顆
鮮奶油	100g
奶油乳酪（cream cheese）	200g
蜂蜜	2 小匙
香草莢	¼ 根

器具

電動攪拌器

1　蛋糕吐司用手撕成小塊。將消化餅、Oreo 巧克力餅乾搗碎。香蕉去皮後切成片狀。草莓洗淨去掉蒂頭後，對切再對切成 4 小塊。

2　以電動攪拌器打發鮮奶油。

3　將蜂蜜加進奶油乳酪中，以電動攪拌器攪拌均勻至軟化。

4　將〔2〕打發的鮮奶油加入〔3〕奶油乳酪中，再劃開香草莢取出香草籽加入，持續攪拌至濃稠滑順。

5　將蛋糕吐司放入玻璃甜點罐，依序鋪上一層〔4〕的奶油乳酪，撒一層消化餅乾屑，再鋪上一層奶油乳酪，鋪滿一層香蕉片，撒一層消化餅乾屑，鋪上一層奶油乳酪，放一層草莓果肉，撒一層消化餅乾屑，再鋪上一層奶油乳酪……（順序大家可以自由發揮，覺得怎麼樣可愛就怎麼樣擺，就算胡亂擺都是怪美的）。

6　最後以 Oreo 巧克力餅乾屑、迷你 Oreo 巧克力餅乾、草莓、香蕉片，以及 Pocky 巧克力棒做裝飾，最「freestyle」就最可愛的玻璃罐甜點完成！

Note

不要再說自己是廚房終結者了！跑去把市售的東西買回來，切一切、撒一撒、裝一裝，就能完成超簡單卻爆可愛的罐子甜點！女生看到鐵定尖叫先拿來自拍 20 分鐘！喜歡清爽，就切很多水果丁，喜歡香脆的口感，就多撒一些消化餅屑。我這一杯應該很明顯吧，就是明擺著愛巧克力！（笑）

18 / 冰巧克力伯爵茶拿鐵

這一杯有伯爵茶的風味，有法芙娜（Valrhona）的香氣，有黑巧克力的苦甜，誰會說不？我知道不會是我。

TIPS __ 想要做出漂亮的漸層，把材料放入杯中的順序是關鍵。

主食材

伯爵茶包 _____ 3g
水 _____ 100ml
牛奶 _____ 170ml
法芙娜巧克力粉 __ 30g
黑巧克力塊 _____ 5g
冰塊 _____ 12 顆

器具

小型電動攪拌器

1 將水煮沸後加入伯爵茶包，關火，泡 5 分鐘。

2 將法芙娜巧克力粉加入伯爵茶湯攪拌均勻。

3 以小鍋用小火加熱牛奶，直到鍋邊冒小泡泡後熄火。使用小型電動攪拌器將牛奶打出奶泡。

4 取一只漂亮的透明玻璃杯，放入冰塊，倒入泡好的巧克力伯爵茶。

5 慢慢倒入熱牛奶，再用湯匙輕輕將奶泡放上。

6 把巧克力切碎或刨絲，撒在飲料上面做裝飾（很喜歡巧克力的人，也可以撒上 Oreo 巧克力餅乾碎片）。

Note

有句話是這麼說的：「Chocolate, a delicious cure for a bad day.」（巧克力，治癒糟糕透頂日的美味處方籤）來！這杯給它喝下去，什麼烏煙瘴氣衰尾道人都掰掰！

19 / 草莓鳳梨果昔

除了現打果汁，早上醒來還有什麼選擇？喝起來口感綿密香氣濃郁的果昔（smoothie），你也可以叫它冰沙，酸酸甜甜、冰涼爽口，顏色還很夢幻！據說連英國凱特王妃也愛這味！

TIPS __記得先把新鮮的水果冰凍起來，因為低溫不但能增加水果的香甜度，口感也會更好。之後再用高速果汁機攪打，就能打出綿密又細緻的好滋味。

主食材

草莓 _____ 10 顆
鳳梨 _____ ¼ 顆
綠檸檬 _____ ½ 顆
冰水 _____ 160ml

1　將草莓洗淨去掉蒂頭，對切。

2　將鳳梨切成塊狀。

3　將草莓與鳳梨在欲製作果昔的前一天放進冷凍庫裡冰凍。

4　擠出新鮮檸檬汁。

5　將所有材料放入果汁機中，攪打直到滑順，倒進自己最喜歡的杯子裡，即可新鮮享用！

6　想要妝點完成的飲品，可以試著用薄荷葉或剩下的草莓跟鳳梨來點綴。

> Note
>
> 剛打好的果昔是最健康最有營養的，不要久放就是要趁新鮮立刻喝！多 C 多健康！

20 / 奇異果柳橙鳳梨香蕉果昔

自己打果昔真的好喝又健康，當有點嘴饞想喝飲料或吃甜點時，一杯酸酸甜甜有果汁又有果肉的果昔英雄華麗登場，立刻守住砸毀體重計的最後一道防線！

TIPS __ 水果本身的鮮甜度已經足夠，不要懷疑，完全不需要另外加糖。

主食材

奇異果	1 顆
柳橙	2 顆
鳳梨	¼ 顆
香蕉	½ 根
冰水	170ml

1　將奇異果去皮，對切。

2　將柳橙去皮去籽，挖出果肉。

3　將鳳梨切成塊狀。

4　將香蕉切成片狀。

5　將所有水果在欲製作果昔的前一天放進冷凍庫裡冰凍。

6　將所有材料放入果汁機中，攪打直到滑順，倒進漂亮的杯子裡，即可享用！

> **Note**
> 哪些水果適合互相搭配？打果昔的過程簡直像在實驗室裡拿量杯做研究！胡亂全部丟進去鐵定是會爆炸的（呃，我是說口味爆炸），要打出一杯完美的果昔，一定要先了解食材間的搭配跟比例。很難嗎？不要怕，因為你手上已經有這本小祕笈了啊！

III

優雅法國餐桌

FRENCH CUISINE

法式乳酪火腿拼盤 / 尼斯沙拉 / 普羅旺斯燉菜 /
法國奶香焗烤千層馬鈴薯 / 紅酒燉牛肉 / 瑪德蓮蛋糕 /
薄荷巧克力玫瑰球 / 西瓜潘趣酒 / 古巴雞尾酒

III French Cuisine
優雅法國餐桌

〝學起來，以後照著這本小祕笈，
情人節、聖誕節、週年慶、紀念日、一年一次的生日……
各式你需要燭光、浪漫、征服，與誠意展現
或贏得芳心的日子，都是適用情境！〞

吃飯，吃的不是電視，吃的不是手機，吃的不是沉默，吃的不是低頭抬起來把飯菜送入口中。在法國餐桌上，「吃」是品嚐也是分享，「吃」是交流也是互動。品嚐用心烹調的料理，分享彼此心中的感受，交流生活之間的話題，互動每一回在餐桌上共度的美好時光。

在巴黎生活的日子，法國人教會我怎麼吃、怎麼聊、怎麼煮、怎麼擺，我們會聚在彼此大大小小的家中，圍在地點可能是飯廳、可能是客廳、可能是院子、可能是陽臺、可能是小房間的餐桌旁，分享著食物、分享著話題，也分享著彼此在一起說說笑笑的時間。話題大至新聞、政治、國事、全球大事，小至奇聞、軼事、生活、心情、八卦，再小至某人讚嘆今晚主人端上桌的點心怎能如此美味！另一人再附和連擺盤都這麼用心！然後主人嘴上不說，但神色得意地又花了一番時間分享個人食譜與擺盤招式，連放了什麼調味料都可以讓眾人津津有味七嘴八舌又討論一番。於是，當全世界有一百個問號為何一頓法式晚餐可以吃上四小時？現在你知道為什麼了吧！（笑）我第一次到巴黎人家作客，可是一路從晚上八點吃到凌晨一點半啊！啊！啊！（那一次連迪士尼樂園怎麼玩、變裝皇后的舞臺、巧克力有哪幾種，八竿子打不著關係的話題全談了！）

21 / 法式乳酪火腿拼盤

你知道他們說法國乳酪共有 365 種嗎？一天選一種，全部吃完的時候，新的一年又來了（笑）。乳酪在法式餐桌上可是非常重要的一環，有開胃吃的乳酪，也有當甜點吃的乳酪，甚至有在主餐跟甜點之間享用的乳酪，有軟質的乳酪也有硬質的乳酪，有牛乳酪也有綿羊跟山羊乳酪等等等，究竟這麼複雜的乳酪世界，我們的乳酪火腿拼盤（Assiette de fromage et charcuterie）究竟該怎麼挑選搭配才好？別擔心，被稱為乳酪之王的布里白黴乳酪「Brie」、法國家喻戶曉的香軟柔滑軟質白黴卡蒙貝爾「Camembert」、法國最受歡迎的硬質乳酪康堤「Comté」、法國薩瓦（Savoie）地區出產的博佛乾酪「Beaufort」、世界三大藍紋乳酪之一的洛克福「Roquefort」、瑞士風景如畫的小鎮格律耶爾產的格律耶爾乾酪「Gruyère」、義大利帕馬森乳酪「Parmesan」，把這幾款常見、熱門、接受度高的乳酪，一一擺上來就對了！

TIPS __務必對這道菜的靈魂「乳酪」先用心好好做點功課！

主食材（依個人喜好挑選）

法棍
（可整條、撕塊、切片）

各式乳酪

薩拉米（Salami，義大利香腸）

各款生火腿

蘇打餅乾（鹹或甜）

各式堅果、果乾

當季新鮮水果
（如葡萄、櫻桃、蜜桃、李子、無花果等）

醃漬橄欖

油漬番茄

佐料

果醬

蜂蜜

皆可依個人口味斟酌適量

1　拿出一塊質感絕佳的乳酪盤，它可以是你上次旅遊到法國、瑞士、義大利或者西班牙扛回來的大木盤，也可以是你挖寶找到的岩石盤，又或者任何你覺得適合拿來擺放乳酪跟火腿的漂亮盤子都可以。

2　先將最主要的乳酪或成塊或切片擺上來，再放上各式生火腿和薩拉米，接著擺上體積比較大的麵包、餅乾、成串的水果。

3　盤子上的剩餘空隙，可以用當季的水果、果乾、堅果、油漬的番茄跟橄欖填補，種類越豐富、顏色越鮮豔、擺法越隨性，你的拼盤看起來就越澎湃！

4　把果醬和蜂蜜裝盛在小碟子裡，擺在乳酪盤的一角，讓賓客可以依照自己的喜好搭配享用，風味更多，樂趣更多！

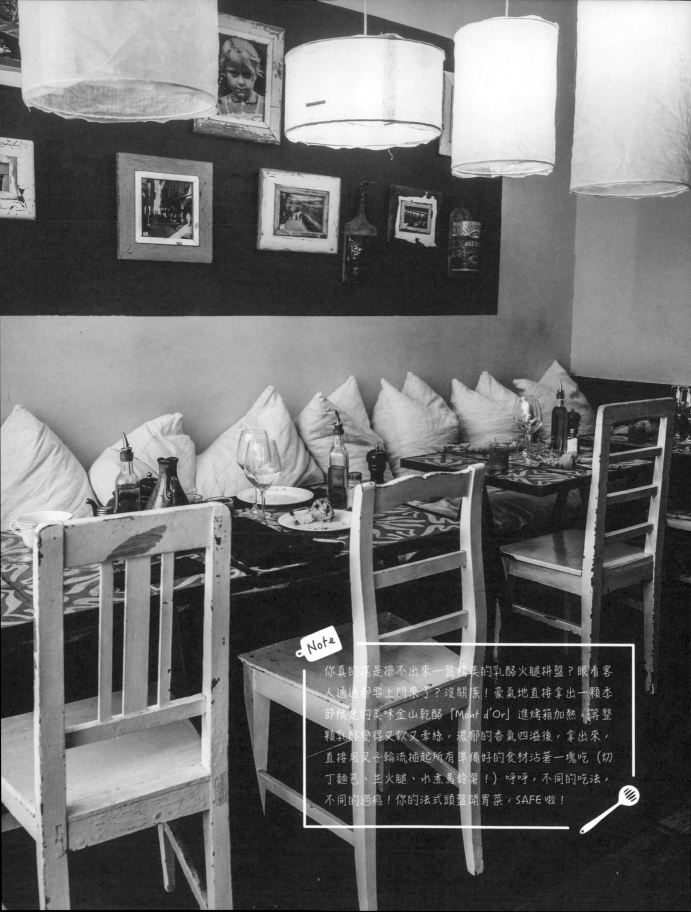

Note

你真的還是擺不出來一盤精美的乳酪火腿拼盤？眼看客人通通都要上門來了？沒關係！豪氣地直接拿出一顆季節限定的美味金山乾酪「Mont d'Or」進烤箱加熱，等整顆乳酪變得又軟又牽絲，濃郁的香氣四溢後，拿出來，直接用叉子輪流插起所有準備好的食材沾著一塊吃（切丁麵包、生火腿、水煮馬鈴薯！）呼呼，不同的吃法，不同的過癮！你的法式頭盤開胃菜，SAFE 啦！

22 / 尼斯沙拉

講到馬賽，我就想喝馬賽魚湯，講到尼斯，我就想吃尼斯沙拉（Salade Niçoise）！而我第一次吃到這盆有夠澎湃的尼斯沙拉真的就是在蔚藍海岸艷陽下的尼斯！

法國東南部的尼斯，位於盛產美食、美酒、漁獲、蔬果，還有陽光與健康飲食的地中海沿岸，強調使用當地農作物如番茄跟四季豆，以及鮪魚和鯷魚等漁獲來入菜，不過度烹煮並與橄欖油一塊搭配的地中海飲食，不但美味又健康，許多研究還顯示能有效降低心血管疾病，是目前受全球推崇的養生飲食法。

主食材

水煮蛋	2 顆
小顆馬鈴薯	4 顆
櫻桃小番茄	12 顆
酸豆	幾顆
油漬橄欖	1 小杯
四季豆	12 支
蘿蔓萵苣葉	幾片
（或冰山萵苣、奶油萵苣）	
鯷魚罐頭	1 罐
油漬鮪魚罐頭	1 罐
特級初榨橄欖油	2 大匙

調味料

去皮大蒜	1 瓣
紅酒醋	1 大匙
檸檬汁	適量
鹽巴	適量
現磨黑胡椒	少許

皆可依個人口味斟酌適量

1. 將馬鈴薯洗淨，連皮放入滾水中煮約 8 分鐘，悶煮到馬鈴薯鬆軟，然後對切（可以用刀子輕戳看看，只要能輕鬆把馬鈴薯皮剝開就算煮好）。

2. 川燙四季豆。為了維持爽脆口感，川燙約 1 分鐘即可。撈起來後立刻放入冰水中冰鎮以提升脆度。

3. 將鯷魚跟大蒜剁碎，剁到快變成泥的程度，放入淺碟子裡。

4. 依序把切片的橄欖跟酸豆放入〔3〕，接著放入橄欖油、紅酒醋、檸檬汁、鹽巴、黑胡椒，均勻攪拌備用。

5. 將生菜在盆子裡或盤子上擺好（記得選大一點的盤子，因為這道沙拉的分量真的很大），依序鋪上煮好的對切水煮蛋、馬鈴薯、小番茄、四季豆，接著隨性放上罐頭鮪魚肉，也可以放幾條鯷魚。

6. 淋上準備好的〔4〕調味汁。

7. 多餘的調味汁可以用漂亮的小碟子裝起來放在旁邊，搭配沙拉沾取享用。

法國女人們常點上一盆尼斯沙拉當作主餐配葡萄酒，清爽無負擔地優雅飽餐一頓。欸對，不要狐疑光憑沙拉那幾片可憐的葉子怎麼可能吃得飽？經典的尼斯沙拉可不是我們想的什麼小小份的開胃沙拉，南法料理的特色就是樸實、澎湃、超大碗！滿滿一大盆什麼都有，分量跟內容豐富到絕對嘴巴飽、肚子飽、眼睛飽！現在就趕快來試做充滿陽光跟健康好滋味的尼斯沙拉吧！

TIPS __選用上好的優質橄欖油跟紅酒醋，讓盆底剩下的醬汁也忍不住拿馬鈴薯跟麵包沾著吃個精光！

Note

你以為每個法國人都很會做菜？ Non non！（搖晃食指）他們不一定很會做菜，但，不得不說他們天生內建的強烈美感雷達真的很懂擺盤！只要懂擺、會擺、擺的好看，再把美酒「啵！」地一聲打開，驚豔眾人的完美頭盤就是這麼輕鬆地快手搞定！說是輕鬆，但還是需要一些訣竅，那些關於「擺盤的祕密訣竅」可不是人人都知道，然而一旦掌握好，你也能完成一場又一場看似不費吹灰之力就讓賓主盡歡的完美法式風格聚會！該怎麼做？把乳酪火腿拼盤當作暖身練習，而這一盆什麼都有的尼斯沙拉就是把食物配對也把味道配對的最佳練習。

23 / 普羅旺斯燉菜

普羅旺斯燉菜（Ratatouille）這道經典的法式地方鄉村菜，追本溯源同樣來自尼斯，最完整的原名為「Ratatouille Niçoise」（尼斯燉菜），材料就是用南法產的番茄、櫛瓜、茄子、甜椒、洋蔥等當季新鮮蔬果佐以普羅旺斯香料（Herbs de Provence），一口氣大雜燴下去，所以又叫普羅旺斯雜菜煲！看到這名字又可以知道，天下的媽媽都是一樣的，當不想浪費冰箱剩菜剩飯跟那一點丁和渣時，就是一口氣把所有食材都給它混下去！像我們的阿母什麼料都可以拿來給它加下去炒飯，法國媽媽則最常把剩料全部大鍋煮到軟爛，再加點香料，搖身一變成為普羅旺斯燉菜！

關於普羅旺斯燉菜，你可以做出阿母的傳統版，也能做出米其林大廚的精緻版，或者應景的節日版，又乾脆是清冰箱的剩菜版，真的，這道菜就是這麼千變萬化，你沒看過《料理鼠王》（La Ratatouille）嗎？

主食材

大番茄	2 顆
櫛瓜	1 根
茄子	½ 根
雞蛋	4 顆
豬絞肉	180g
（可做約 12 顆小肉丸）	
新鮮（冷凍）藍莓	130g
檸檬皮屑	少許

調味料

鹽巴	適量
現磨黑胡椒	少許
普羅旺斯香料	適量

皆可依個人口味斟酌適量

1　先將烤箱預熱到 200°C。

2　加一點鹽巴與黑胡椒在豬絞肉裡，用手將豬絞肉搓揉成一顆顆適合入口大小的小肉丸。

3　將番茄、櫛瓜、茄子切成正方體小塊狀（想要更多料的人也可以放入甜椒跟洋蔥）。

4　拿出一個烤盆，將切成小塊狀的蔬果全部放入，接著加入適量鹽巴與黑胡椒還有普羅旺斯香料調味，徹底均勻攪拌（建議用手直接抓，因為抓出汁的番茄會讓燉菜吃起來更鮮甜）。

5　加入小肉丸再拌一拌。

6　放入 200°C 烤箱烤 30 分鐘。

7　拿出烤盅，將 4 顆蛋分別打在烤好的燉菜上，再放入烤箱烤最後 5~7 分鐘即可上桌！

（不可能，我不相信，有夠好看你快點去看）這可以是一道家常到不行的媽媽菜，也可以是一道讓美食評論家潸然落淚的名廚料理。將所有蔬果切成漂亮的片狀，搭配創意擺盤，你看起來就像一位游刃有餘的米其林法國料理主廚。或者切成片狀後擺成美麗的聖誕花圈形狀，那就叮叮噹邊唱歌邊端到聖誕餐桌上了。又或者我最喜歡的家常風味吃法，不要囉囉唆唆，豪邁又快手地把食材全部剁成塊狀，雙手萬能，抓一抓拌一拌，再捏幾顆小肉丸，撒上有夠萬用的普羅旺斯香料，調好味送入烤箱，就是Delicieux！（噢，別忘了燉菜上面最後再打上幾顆半熟蛋！ Oh là là！）

TIPS __普羅旺斯香料真的超萬用，家裡請務必儲存幾罐！

Note

普羅旺斯燉菜迷人的地方在於它的作法非常樸質、簡單、直接，卻能一口氣嚐到所有食材同時釋放出來的精華與鮮甜，就算一大盆吃不完也不打緊，依據南法人的說法「烹煮完的隔天，美味更勝前一天！」而且熱的吃或冷的吃都美味，可以當作主菜享用，也能搭配肉排或魚排，成為佐菜，甚至拿來煮義大利麵跟作為醬料都很完美！

「Anyone can cook!」（人人都會料理）是《料理鼠王》電影中的經典名言，相信自己，試試吧！

24 / 法國奶香焗烤千層馬鈴薯

如果為了剛剛那道普羅旺斯燉菜，你已經拿出食物調理機把所有食材切成薄片，機器先別急著收起來，我們可以繼續把洗好去皮的馬鈴薯，用調理機也切成漂亮的薄片，一片片依序擺進烤盅裡，再加點簡單的材料，一道來自阿爾卑斯山多芬內（Dauphiné）地區的傳統法國家常菜就完成啦！

這道奶香焗烤千層馬鈴薯（Gratin Dauphinois）簡單萬用、完全零技巧、絕對不失敗！而且用料樸實、價格便宜又大碗，非常適合老覺得法國料理根本吃不飽的大胃王！

TIPS __ 訣竅就只有把馬鈴薯切成漂亮的薄片，刀功不好沒關係，我們有可以偷吃步的食物調理機啊！

主食材

大馬鈴薯	3 顆
培根	4 片
無鹽奶油	10g
全脂牛奶	200ml
鮮奶油	100ml
帕馬森刨絲乳酪	少許

（或格律耶爾 1 小碗）

調味料

大蒜	1 瓣
肉豆蔻	1 小撮
鹽巴	適量
現磨黑胡椒	少許

皆可依個人口味斟酌適量

1 先將烤箱預熱到 180°C。

2 拿出一平底鍋，將培根煎到焦香酥脆後取出，切成塊狀。

3 將大蒜剁成小丁，放入牛奶與鮮奶油中，再加入現刨的肉豆蔻以及〔2〕的塊狀培根，以適量鹽巴與黑胡椒調味，均勻攪拌。

4 將一半分量的刨絲乳酪放入〔3〕中略微攪拌。

5 馬鈴薯洗淨削皮，然後切成薄片。

6 用奶油與大蒜在烤盅裡輕輕刷過一遍後，將切好的馬鈴薯依序擺放在烤盅裡。

7 將混合好的〔4〕醬汁緩緩倒入裝盛有馬鈴薯的烤盅裡。每鋪一層馬鈴薯就倒入一次，不用多，只要蓋住馬鈴薯即可。

8 把最後一半的刨絲乳酪均勻撒在最上頭，送入烤箱用 180°C 烤 35~40 分鐘，完成。

Note

這道法國家常菜同樣也是一道萬用菜，可以直接單吃，也能作為配菜與肉類跟蔬菜一同享用，奶香焗烤千層馬鈴薯更是一道節慶時在法國餐桌上少不了的料理。

25 / 紅酒燉牛肉

我第一次吃到紅酒燉牛肉（Boeuf Bourguignon）不是在法國，而是在臺灣，在臺北，在一個學長家（咦）。那是第一次有人花那麼長的時間為我下廚，我很感動，想著有個男生肯不嫌麻煩為我下廚，那他應該是滿喜歡我的吧？時間一分一秒地過，我看他在廚房忙進忙出兩個多小時，我的胃叫到比他播放的黑膠唱盤刮得還大聲……而他沒煮別的，整整兩個多小時就只煮了一鍋紅酒燉牛肉，說是功夫菜。我想那時我感動的表情漸漸不自主有閃過些別的，如果生命真的可以回到從前，把所有一切重演一遍，那我應該會送他一本《米粒 Q 的環遊世界餐桌》。（喂！）

好啦，這道來自法國知名葡萄酒區布根地（Bourgogne），結合該地區美酒與頂級夏洛萊牛（Charolaise）

主食材

牛胸肉 _____ 600g
（或牛肩胛肉）

培根 _____ 100g

大洋蔥 _____ 1 顆

馬鈴薯 _____ 3 顆

紅蘿蔔 _____ 1 根
（或 10 根迷你紅蘿蔔）

大番茄 _____ 5 顆

大蘑菇 _____ 8 朵
（或 500g 小蘑菇）

紅酒 _____ 350ml
（首選布根地紅酒，也可以用黑皮諾
〔Pinot Noir〕或奇揚地〔Chianti〕
等不甜的紅酒都可以）

無鹽奶油 _____ 30g

低筋麵粉 _____ 25g

1. 將牛肉切成大塊以避免燉煮後縮水。將切好的牛肉放在紙巾上吸乾多餘血水。

2. 將培根切碎剁成塊狀。

3. 將洋蔥、馬鈴薯、紅蘿蔔都洗淨去皮，全部切成不規則但好入口的塊狀大小（如果是迷你紅蘿蔔只要洗乾淨就好）。

4. 大蒜剁碎分成兩份，一份燉煮牛肉用，另一份在最後拿來煎蘑菇。

5. 煮一鍋滾水，放入大番茄，煮到番茄能輕易去皮後撈起。

6. 煮好的大番茄全部去皮，放入大碗中，用搗泥器搾出新鮮原味的番茄湯汁，過濾多餘殘渣。

7. 拿出大鑄鐵鍋，放入切碎的培根塊，小火煎約 3 分鐘直到培根上色變脆後，從鍋中取出來放在一旁備用。

8. 轉中火，把切成大塊的牛肉分批放入剛才的大鑄鐵鍋中。記得分批，以確保每一塊牛肉都能用培根油均勻煎到表面出現深褐色脆皮。

兩樣特產的傳統菜餚，光看名字是不是就要醉了？光用想的是不是就要流口水了？舉世聞名的紅酒燉牛肉烹飪起來需要不少時間，至少一個半鐘頭！繁複的工序也不能省略，需要的材料也有夠多，這次真的沒有偷吃步了（攤手），但如果你有喜歡的人，那就試著端上這道沒有愛真的做不出來的法國經典名菜吧，他會吃到你的心意的（但切記，請多做一些配菜，不要只弄一鍋紅酒燉牛肉）。

TIPS __一定要選牛胸肉（beef brisket）或牛肩胛肉（beef chuck），長時間燉煮後吃起來才不會太柴或太軟爛，而且能充分嚐到送入嘴裡後濃郁的醬汁與富有嚼勁的口感，完美混合在一起的美味關係！

調味料

大蒜	6 瓣
牛肉高湯塊	1 塊
月桂葉	3 片
新鮮百里香	2 根
歐芹	1 小匙
現磨黑胡椒	少許

皆可依個人口味斟酌適量

9　將煎好的牛肉一樣從鍋中取出來放在一旁備用。

10　在同一個大鑄鐵鍋中，依序放入切塊的洋蔥、馬鈴薯、紅蘿蔔，以及一份剁碎的大蒜，以中火拌炒，直到洋蔥呈現透明色。

11　將煎好的培根丁與牛肉也倒回鑄鐵鍋中，再倒入低筋麵粉，全部一起拌炒。

12　將〔6〕搾好的的番茄湯汁倒入鑄鐵鍋內，與所有食材拌炒均勻。

13　倒入紅酒，轉小火慢燉 4~5 分鐘。

14　加入現磨黑胡椒調味，放入牛肉高湯塊，加水直到高度剛好蓋過所有食材。因為我覺得高湯塊的鹹味已經夠了，所以我沒有另外加鹽巴，若覺得鹹度不夠的人，可自行斟酌加入適量鹽巴。

15　等鑄鐵鍋內的湯滾開後，加入月桂葉跟百里香，蓋上鍋蓋，小火燉煮 1~2 小時。

16　大約 1 個小時後，可以先開鍋試吃看看。每個人喜歡的牛肉口感不同，有些人喜歡有嚼勁，有些人喜歡較為軟爛，所以時間跟火候自己掌控。當牛肉已經燉到自己喜歡的程度，就可以準備來煎蘑菇！

17　拿出一只煎鍋，以小火融化奶油，加入另一份〔4〕剁碎的大蒜，放入切成片狀略有厚度的大蘑菇（如果是小蘑菇，對切即可），仔細將奶油淋到蘑菇上。等蘑菇煎到上色後，全部倒入〔16〕的大鑄鐵鍋中。

18　加入蘑菇後再以小火燉煮約 6~8 分鐘，就能關火準備上桌啦！

19　大功告成，擺盤很重要！紅酒燉牛肉可以裝在有深度的湯盤裡，也可以用一人份小鑄鐵鍋裝盛，樣子可愛又能保溫還很有巴黎餐廳感！但無論如何，最後撒上切碎的歐芹優雅裝飾這一步不可少。

20　在紅酒燉牛肉旁，擺一份剛烤好的奶香焗烤千層馬鈴薯，或配上切成薄片的法棍，Bon appétit ！

Note

這個食譜煮出來的分量大約 4~6 人份，不要緊的，畢竟煮一次紅酒燉牛肉要花這麼多的時間，不妨一次煮大鍋一點，畢竟真的好吃到你不用怕吃不完！只！有！秒！殺！

26 / 瑪德蓮蛋糕

你知道法王路易十四最愛的甜點就是瑪德蓮蛋糕（Madeleine）嗎？你知道法國大文豪普魯斯特的文學巨著《追憶似水年華》，就是因為瑪德蓮蛋糕的香氣而誘發靈感開端的嗎？

這款被選為代表法國甜點的傳統小蛋糕，外型簡單如同一個小貝殼，沒有繁複華麗的裝飾，不需卓越高超的糕點技巧，只因為奶油含量比一般蛋糕高，所以奶油的香氣濃郁非常，口感也更為紮實，而成為法國人愛不釋口的下午茶與野餐小點心，幾乎每一本法式甜點書裡都能發現它的蹤跡！

主食材

大雞蛋	1 顆
（或約 60g）	
低筋麵粉	50g
無鹽奶油	50g
泡打粉	1.5g

約可做出約 6~8 個瑪德蓮蛋糕

調味料

糖粉	50g
香草莢	半根
鹽巴	1g

皆可依個人口味斟酌適量

器具

手動打蛋器
電動攪拌器
瑪德蓮蛋糕烤模

1　取一只小煎鍋以小火融化奶油後，放在一旁備用。

2　在大碗中加入雞蛋、糖粉、還有香草籽（將香草莢用小刀劃開，加入裡頭黑色的部分），用手動打蛋器或電動攪拌器均勻打散至黃橙色。

3　將低筋麵粉與泡打粉過篩後，加入鹽巴，接著全部倒入〔2〕的大碗中混合攪拌均勻。（這部分的攪拌建議以手動打蛋器輕柔拌勻，因為太大力或太高速都會讓麵糊出筋影響口感）

4　將〔1〕的融化奶油倒入拌勻的〔3〕中，繼續均勻攪拌後用保鮮膜蓋好，或倒入密封盒中封存好，放入冰箱冷藏至少 1 小時，能夠放隔夜更好。（有了這個小步驟不但風味更佳，也更容易烤出凸肚臍）

5　從冰箱取出麵糊，烤箱以 200° C 預熱。

6　將奶油依序塗抹在瑪德蓮烤模內，以方便後續蛋糕脫模。

7　把麵糊倒進瑪德蓮烤模中約 9 分滿，接著在桌面輕敲消除麵糊底部跟表面的氣泡。

8　放入 200°C 的烤箱烤 10 分鐘，烤到瑪德蓮四周的顏色呈現金黃。

9　從烤箱取出烤盤後，立刻脫模，剛出爐的瑪德蓮外酥內軟最好吃！放幾個小時後再吃，口感則會溼潤一些。如果隔天要吃，再放回烤箱中加熱即可。

Note

‧我在巴黎的日子很喜歡一個叫做「Marlette」的牌子，他們有賣瑪德蓮、費南雪、司康、鬆餅、肉桂捲、磅蛋糕等各式各樣的現成蛋糕預備粉，打開包裝後只要加入雞蛋跟牛奶攪一攪拌一拌，就能直接倒進烤模裡送入烤箱，輕輕鬆鬆享用一頓超級法國的點心下午茶！還是那一句，如果有簡單方便又好用的偷吃步，就讓自己聰明輕鬆點！（眨眼）

‧話說，除了經典原味瑪德蓮，不妨也試試放入巧克力塊、薰衣草糖、檸檬皮的創意瑪德蓮吧！也可以把原味改成蜂蜜、柚子、黑糖、抹茶或者伯爵紅茶等各種不同的風味！來點變化，就能讓這款法國人再習慣不過的甜點充滿有趣又可口的新意！

27 / 薄荷巧克力玫瑰球

雖然我也很想端上一道經典的法式甜點：熔岩巧克力蛋糕（Fondue au chocolat），但眼看面前這桌擺滿滿的法式大餐，也許改來一點帶著解膩香氣的薄荷巧克力玫瑰球（Roses des sables chocolat-menthe），是更優雅的好選擇。（更何況它們美翻了！）

TIPS __ 這道甜點，挑選使用上好的巧克力是靈魂！

主食材

85% 黑巧克力塊 __ 100g
（可選擇濃度不同的黑巧克力，越苦越有大人風味）
無鹽奶油 _____ 10g
薄荷葉 _____ 20 瓣

調味料

粉紅玫瑰鹽 _____ 極少量

皆可依個人口味斟酌適量

1　將黑巧克力塊與無鹽奶油切成小塊。

2　將切成小塊的黑巧克力與無鹽奶油一同放入鐵鍋中，隔水加熱融化。

3　將薄荷葉洗淨切碎成小片，與玉米片一同倒入〔2〕的巧克力奶油鍋中攪拌。

4　將攪拌好的玉米片，手揉塑形成小球狀，一一擺好置放於盤中，撒上極少量的粉紅玫瑰鹽。蓋上保鮮膜，送入冰箱等待冷卻定形。（若覺得手捏不易塑形，可準備小圓球狀矽膠烤盤，將巧克力玉米片分別放入烤盤內，再置於冰箱塑形）

5　等巧克力玉米片冷卻定形後，即可優雅端上桌！冰冰脆脆的口感超好吃！

Note

除了上述作法，也可以改選用牛奶巧克力做出不同的甜度，甚至加入壓成小碎塊的核桃、榛果、杏仁片、跳跳糖等改變風味跟口感。想要更「大人系」？加幾滴君度橙酒（Cointreau）試試！

28 / 西瓜潘趣酒

如果你想辦一場好玩的派對，那麼，要用勺子一勺勺舀起來喝的潘趣酒「Punch」，是我能想到最好玩、最繽紛、容量最誇張的趣味調酒！

我的第一碗 Punch，是跟我的酒保冠軍師朋友，到巴黎 20 區一間叫做「La Commune」的 Punch Bar 大開眼界時喝到的。那個晚上，我只記得看到一個好大的 Punch 碗（根本是洗臉盆吧）擺到我們桌上，接著一道藍紫色的火焰像瀑布般從另一名酒保手中的小鍋裡奔瀉而下。我不知道那是什麼，但整間酒吧裡的人全在看我們（還拿出手機偷拍！）不得不說，真的很威（笑），那是我印象中最好喝、最好玩、最大盆的調酒了！

這個比雞尾酒還要更早出現的潘趣調酒，可以做成有酒精跟無酒精的版本，適合男人也適合女人，適合大人也適合小孩吶！

TIPS __家裡沒有潘趣碗（punch bowl）沒關係，把西瓜砍掉 1/3，挖空果肉後，不就是一個現成的潘趣碗了嗎！

主食材

紅色小西瓜 _____ 1 顆
萊姆（Lime）_____ 1 顆
檸檬汁 _____ 25ml
伏特加（Vodka）__ 100ml
氣泡水 _____ 250ml
雪碧汽水（Sprite）_100ml
薄荷葉 _____ 1 盒

1　將西瓜從 1/3 高度切開，將西瓜殼內的 2/3 果肉挖成小圓球形並去籽。

2　將西瓜殼上半部 1/3 的果肉放入果汁機中，打成西瓜汁。

3　將萊姆切片。

4　將挖成小圓球形的西瓜果肉、西瓜汁、萊姆片、檸檬汁、伏特加、薄荷葉，通通倒入挖空的 2/3 西瓜殼內。

5　覆蓋上保鮮膜，放入冰箱冷藏至少 2 小時。

6　準備品嚐時，將〔5〕拿出來加入氣泡水、雪碧汽水跟冰塊，再準備一根大湯勺，讓賓客自己舀著喝更有趣！

Note

· 一盆漂亮又繽紛的超大容量潘趣調酒絕對是派對上難忘的有趣亮點！你可以準備大湯勺讓賓客自己舀來喝，也可以準備多根彩色長吸管，讓大家嗨翻比賽看誰最快「速舳搭」！（臺語：吸乾的意思）

· 而除了西瓜特調口味，你也可以準備一個透明的大玻璃盆（再沒有的話鋼盆也行啦），改以檸檬汁、葡萄柚汁、柳橙汁、鳳梨汁、小紅莓汁等等作為基底，再倒入第二種不同的果汁，如蘋果汁、草莓汁、紅石榴汁等，然後加入一堆像是柳橙、葡萄柚、草莓、萊姆、奇異果、覆盆子等水果切片或水果角，自由發揮創意搞成酒精有夠濃的喝到趴版本、不加入酒精改以雪碧汽水來取代的無酒精甜甜水果汁版本、弄成雪酪冰沙透心涼的消暑版本。夏天、冬天、萬聖節、聖誕節、跨年夜，不分季節不分節日，只要想要炒熱派對的氣氛，你就是需要一盆 Punch 啊！

29 / 古巴雞尾酒

流傳百年，這款大文豪海明威最愛的「Mojito」雞尾酒，不但材料跟作法簡單，充滿薄荷與檸檬的清爽滋味更是接受度相當高！不論是口感廉價的一杯，或奢華醉人的一杯，放眼望去大概每間酒吧都能找到這麼樣的一杯 Mojito。

我人生中第一杯 Mojito 不是在古巴喝到，而是在巴黎，不是因為都有一個「巴」字就硬要攀關係，而是 Mojito 生於古巴卻成為法國最受歡迎的調酒，舉凡年輕人會去的便宜酒吧，到白領階級會去的高檔酒館，再到時尚人士會去的時髦五星級飯店酒吧，不論我走到哪，翻開或不翻開酒單都絕對能找到一杯 Mojito ！也總有人不問我意願就直接把一杯 Mojito 放到我面前！不管在哪裡喝到，區別只是這晚我究竟要花 2~3 歐元喝一杯？還是 20~30 歐元買一杯？還是乾脆就自己在家做一杯？反正這款調酒只需要 5 種材料，不可能這麼容易吧！

TIPS __想喝濃一點？想喝淡一點？還是想做無酒精的版本？只要調整白蘭姆酒跟汽水的比例就搞定。

主食材

薄荷葉	6~8 片
萊姆	3 顆
萊姆汁	30ml
白蘭姆酒（White Rum）	50ml
雪碧汽水	150ml
冰塊	8 顆

如果要做無酒精版本，直接以雪碧汽水取代白蘭姆酒，共加入 200ml 雪碧汽水

調味料

白砂糖	10g

可依個人口味斟酌適量

1　將萊姆汁、薄荷葉、白砂糖全部放在一只寬口杯子中搗碎。

2　將萊姆切片或切塊，加入杯中。

3　往杯中倒入白蘭姆酒，再加入汽水與冰塊直到 9 分滿。

4　最後可在調酒上加幾片薄荷葉或幾片萊姆作裝飾。

Note

消暑的綠配上沁涼的冰，不論視覺還是味覺，都是清爽又清涼。有酒精的 Mojito 能享受夏日微醺，無酒精的 Mojito 能一解夏日的渴，兩種版本同樣簡單又消暑，讓大人小孩都能一塊開心享用這杯百年經典的 Mojito ！

CHAPTER IV

熱情拉丁味

LATIN CUISINE

墨西哥玉米片 / 托斯卡尼麵包丁沙拉 / 義式炆海鮮湯 /
西班牙三明治小食 / 白酒蒜香蝦 / 西班牙烘蛋 /
巴斯克乳酪蛋糕 / 鳳梨可樂達 / 白桑格利亞

IV Latin Cuisine
熱情拉丁味

"如果你很想聊，如果你很想吃，如果你很想喝，
如果你很想跟三五好友聚在一塊，就讓熱情的拉丁味道彈著舌，
性感地舞上你的餐桌吧！狂野噴發，事情將變得一發不可收拾！
（咳。我是說你對烹飪的喜愛將一發不可收拾。）"

在西班牙、在義大利、在葡萄牙、在南美洲，每到一處，我的拉丁餐桌上總出現好大盤與拉丁民族同樣熱情無比的拉丁美食，那是陽光的滋味、大海的滋味、大方分享的滋味、唱歌跳舞的滋味、什麼都來一點的混合滋味，於是吃飯這件事變得很熱鬧、很愉悅、很歡騰！

第一次在西班牙巴賽隆納，喝了一壺滿滿都是水果的冰紅酒，抓了一堆澎湃的小三明治疊滿盤子，我眼睛發亮問：「這是什麼？」第一次在義大利波西塔諾（Positano），嚐到喀滋喀滋的托斯卡尼麵包丁沙拉，我眼睛發亮問：「這是什麼？」第一次在下著雪的奧地利林茲（Linz），看到西班牙同學端到我門前來的厚厚一塊西班牙烘蛋，我眼睛發亮問：「這是什麼？」

現在，你可以眼睛發亮地問我：「這個單元有哪些好吃的？」我會邊唱西班牙神曲〈Despacito〉（慢慢來）邊舞動端上一整桌我打開回憶行囊，從旅遊與人生帶回來與你分享的拉丁料理。（要一起跳嗎？）

30 / 墨西哥玉米片

色彩繽紛、內容豐富、美味好吃、方便簡易！玉米片（Nachos）真的是一道大家一起邊聊天邊抓著吃很有趣，自己一個人看 Netflix 也涮嘴的開胃小食！尤其它的沾料可以千變萬化到每一次你端上桌都不重複，真的是一款一旦掌握訣竅，樣式出神入化的上桌率極高小點心！除了最常見的酸奶跟濃郁乳酪口味，我自己也好愛用酪梨與番茄搭配做成的清爽吃法。當然，如果你趕時間想圖個快速方便（或者什麼都不想做，就是想圖個理直氣壯的快速方便），多力多滋（Doritos）完全有賣現成的沾醬（笑）。

TIPS __ 喜歡沙拉的清爽，想吃到一塊塊酪梨果肉的人，就將酪梨切丁攪拌。喜歡黏稠沾醬口感的人，就把酪梨全部搗爛！

主食材

玉米片	1 大包
熟透的酪梨	1 顆
洋蔥	½ 顆
香菜	5 根
大番茄	½ 顆

調味料

檸檬汁	少許
鹽巴	適量

皆可依個人口味斟酌適量

1　將酪梨去皮去籽，切成丁。

2　番茄洗淨，切成丁。

3　洋蔥去皮，切成薄片。

4　香菜洗淨，剁碎。

5　把所有材料都放入大碗中，加入鹽巴，擠上一點檸檬汁攪拌就完成！快點用玉米片沾來吃吃看吧！

Note

其實我以前不敢吃酪梨，但自從吃過這道酪梨番茄沾醬的墨西哥玉米片後，我的酪梨開關就被打開了！所以如果你也有一直不敢吃的食材，試試看一種新的料理方式，試試看把它跟其他的食材做不同的搭配，也許也能成功解鎖某個你一直害怕的食物！（但，我還是不敢吃榴槤，don't even wanna try！死心吧！）

31 / 托斯卡尼麵包丁沙拉

跟《托斯卡尼豔陽下》電影裡的女主角 Frances 一樣，我穿著一身白，滿懷期待來到波西塔諾，但我可不是想聽義大利古董商 Marcello 那句「一定會有個人是屬於你的」這種白眼會翻到後腦勺的鬼話，我只想邂逅一盆沙拉裡充滿托斯卡尼豔陽下的好味道，那才知道愛情最美好的時候就是當下，麵包最好吃的時候竟然是隔天！欸，關於愛情跟隔夜的麵包，誰想得到呢？

也許大家都會同意，吃不完的隔夜麵包又硬又乾，食之無味棄之可惜，該怎麼辦？就讓我們學學愛美食的義大利人，不浪費地將隔夜麵包搖身一變，做成傳統的托斯卡尼麵包丁沙拉（Panzanella Salad），讓剩菜成為黃金傳奇吧！

TIPS __ 不是所有麵包都能成就這道沙拉，任何甜的、軟的、炸過的臺式與日式麵包還有吐司都掰掰，只有歐式麵包才可以哦！另外，嚴選好吃的優質橄欖油是關鍵！

主食材

隔夜的法棍	半根
(或巴巴達或其他歐式麵包)	
櫻桃番茄	20 顆
萵苣葉	6~8 片
莫扎瑞拉	1 顆
橄欖	8 顆
帕馬森乳酪	1 小塊
特級初榨橄欖油	2 大匙

調味料

歐芹	適量
羅勒	適量
鹽巴	適量
現磨黑胡椒	少許
大蒜	1 瓣
蜂蜜	適量
巴薩米克醋	少許
檸檬	適量

皆可依個人口味斟酌適量

1　220°C 預熱烤箱。

2　將隔夜麵包切成 2cm 左右的丁狀，淋上 1 大匙橄欖油與歐芹、羅勒、鹽巴、現磨黑胡椒調味。

3　烘焙紙鋪於烤盤上，撒上調味好的麵包丁，送入 220°C 烤箱約 8 分鐘，烤到麵包丁表面呈金黃色後拿出來放涼備用。

4　在料理大碗裡，放入對切的櫻桃番茄、萵苣、莫扎瑞拉、切片橄欖、剁碎的大蒜、歐芹、羅勒，淋上適量蜂蜜與巴薩米克醋，再加入 1 大匙橄欖油及現磨黑胡椒，擠一點新鮮檸檬汁攪拌均勻。

5　放涼的麵包丁加入〔4〕中徹底攪拌，讓麵包丁能吸飽醬汁。

6　盛入盤中，刨上一些帕馬森乳酪，完成！

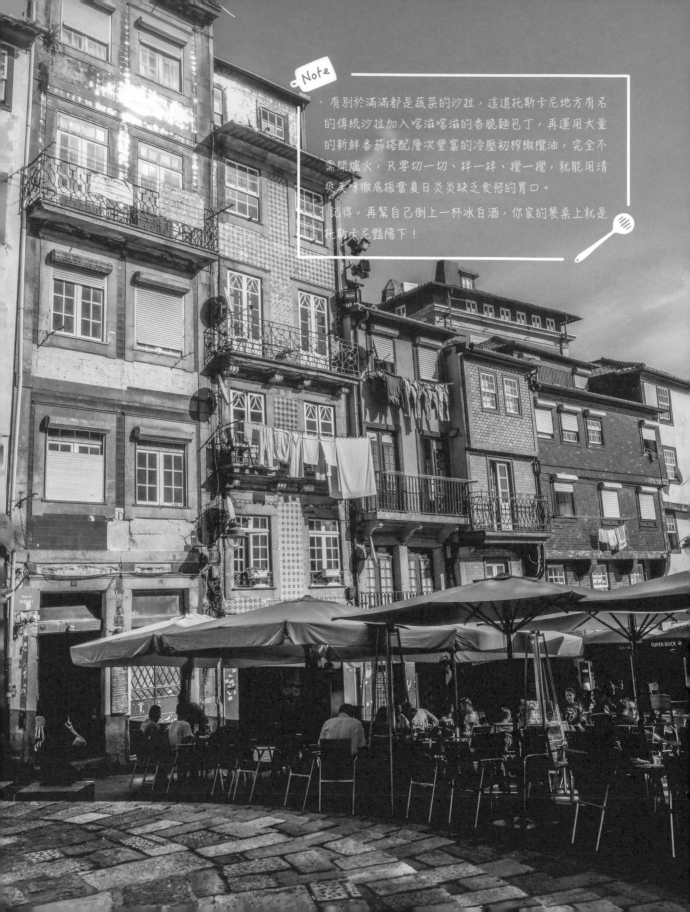

Note

· 有別於滿滿都是蔬菜的沙拉，這道托斯卡尼地方有名的傳統沙拉加入喀滋喀滋的香脆麵包丁，再運用大量的新鮮番茄搭配層次豐富的冷壓初榨橄欖油，完全不需開爐火，只要切一切、拌一拌、攪一攪，就能用清爽美味徹底振奮夏日炎炎缺乏食慾的胃口。

記得，再幫自己倒上一杯冰白酒，你家的餐桌上就是托斯卡尼豔陽下！

32 / 義式炆海鮮湯

來，唸一遍先：Cio（丘）ppi（皮）no（諾），義式炆海鮮湯「Cioppino」對有些人來說是番茄湯的味道、是海鮮的味道，而對我來說，那是求學時期第一次聽到叮噹車，看到漁人碼頭，聞到 Boudin Bakery Cafe，關於在舊金山勇闖的味道。

Cioppino 其實就是「Fisherman's stew」（漁夫鍋），還真的是源自舊金山。這是一道早期義大利裔美國漁民出海後，在漁船上將手邊捕獲剩下的各種海鮮全部剁一剁，一口氣丟下大鍋煮的湯，100% 粗獷的討海人豪邁作風。但別以為這鍋湯很隨便，滿滿的蝦蟹、蛤蠣、花枝、白魚，這道湯可是有海鮮

主食材

特級初榨橄欖油	2 大匙
不甜的白酒	150ml
番茄	1 顆
番茄義大利醬	125g
蛤蠣	20 顆
扇貝	4 個
淡菜	6 個
鱈魚	半片

（或比目魚，或其他自己喜歡的白魚，也可以加入花枝螃蟹）

大蝦（不去殼）	6 隻
水	800ml

調味料

茴香	適量
紫洋蔥	1/4 顆
大蒜	5 瓣
奧勒岡	1 小匙
乾辣椒	1 小匙
月桂葉	2 片
歐芹	1 小撮
鹽巴	適量
現磨黑胡椒	適量
檸檬角	2 塊

皆可依個人口味斟酌適量

1 將蛤蠣、扇貝、淡菜、大蝦洗乾淨。

2 將蛤蠣不重疊平放在一個大碗裡，加鹽水淹滿蛤蠣，泡約 20 分鐘讓蛤蠣吐沙。

3 選一只大鍋，開中火。在熱鍋內倒入橄欖油。

4 加入剁碎的茴香跟紫洋蔥，翻炒至顏色呈現半透明。

5 加入切成薄片的大蒜，再加入奧勒岡、乾辣椒，以適量鹽巴跟黑胡椒調味。

6 翻炒約 1 分鐘等調味料冒出濃郁香味後，倒入白酒熗鍋。

7 等待約 3 分鐘，直到白酒滾開蒸發約一半的分量後，加入 1 顆剁碎的去皮番茄、番茄義大利醬、水、月桂葉，徹底攪拌後用小火慢慢炆，亦即用微火去燜約 20~25 分鐘。

8 等番茄湯煮到又濃又稠的狀態後，加入清潔好、吐完沙的蛤蠣，蓋上鍋蓋，以小火繼續炆約 3~5 分鐘。

9 開蓋後依序加入扇貝、淡菜、鱈魚、大蝦擺放好，不要攪拌，再次蓋上鍋蓋。

層層的甜、有番茄獨到的酸、有白酒熗鍋迷人的香，濃郁鮮甜的湯頭好喝到「媽媽咪呀」的驚人！（喝一口真的是馬上親吻五根手指指尖，發出啾啾啾的聲音再放開，Mamma Mia ！）

TIPS __這道湯要好喝的關鍵一：一定要用最新鮮最優質最肥美的海鮮！關鍵二：不能一開始就把所有食材全丟下去煮，要先調味，等湯滾，再小火收汁，最後才把海鮮一一放入鍋中哦！

10 小火繼續炆約 5~7 分鐘，直到蛤蠣跟淡菜全部打開（打不開的就丟掉），魚肉跟蝦肉也炆熟。

11 嚐嚐看味道！如果口味還需要調整，就再加入鹽巴跟黑胡椒微調。

12 上桌前的義式炆海鮮湯，可以加一小撮歐芹點綴並增加風味，別忘了連同檸檬角跟麵包一起端上桌！法棍、佛卡夏、酸種麵包都跟這道湯品很搭哦！

Note

這道食譜裡加的不是一般沾薯條吃的那種番茄醬，而是嚴選上等熟成番茄製成的「番茄義大利醬」，就是那種還看得到番茄碎丁，也聞得到天然番茄鮮甜味，及淡淡清新香草味的玻璃罐裝番茄義大利醬。如此才能煮出一口海鮮湯、一口麵包，再用麵包沾著湯汁全部吃光光的媽媽咪呀美妙滋味！（快把義大利手勢擺出來）

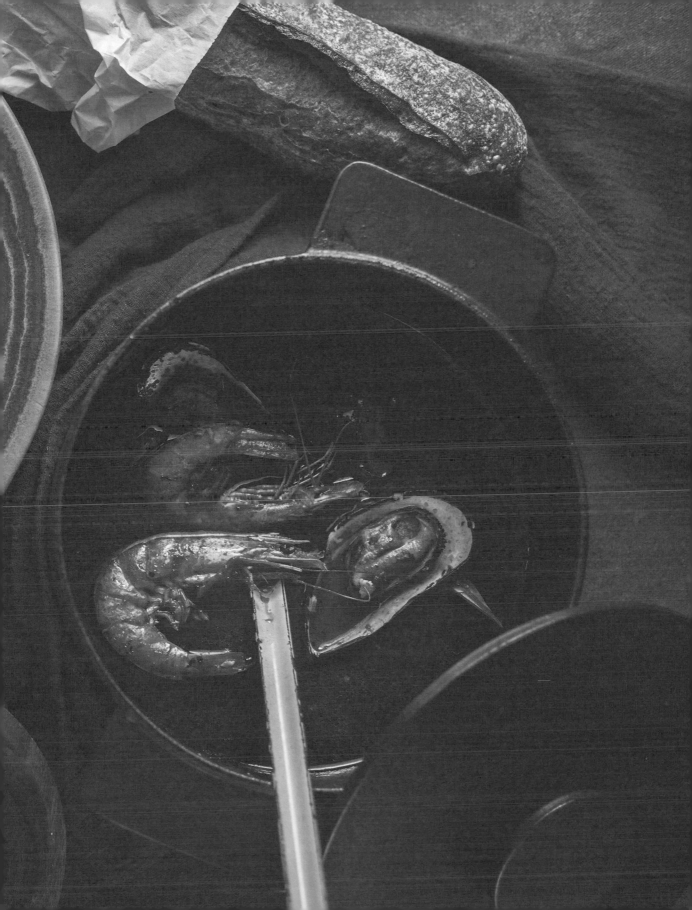

33 / 西班牙三明治小食

「Montaditos」是什麼？把它想成各種口味不同的小披薩吧！在一塊切片的法棍上，愛吃什麼料，就放什麼料，只要味道協調又擺得好看，就不妨大膽發揮，讓自己也驚豔嚇到自己怎麼那麼會的創意！插上牙籤的 Montaditos 就叫做「Pinchos」，但不管叫什麼，它的目的就是要以一個個可愛美味又方便食用的下酒小點，讓你喝！再喝！繼續喝！喝到杯底不要養金魚！

鮪魚搭甜椒、鮪魚配番茄和橄欖、烏賊配洋蔥、鵝肝搭海鹽、淡菜配魚子醬、羊乳酪配風乾番茄、乳酪配蘑菇佐黑松露……三十幾款琳瑯滿目的 Montaditos，我正跟一堆當地人，擠在巴賽隆納那間歷史可回溯到 1914 年的 Quimet & Quimet 迷你小酒館內。這酒館真的是迷你，四面的牆上滿滿滿有我這輩子見過空間裡密度最高的酒瓶，小小的圓桌大概就兩張，於是所有人全站在吧臺邊立吞食。完全擠

【鹹的口味】主食材

法棍
羊乳酪
生火腿
薩拉米
油漬番茄
油漬橄欖
櫻桃番茄
油漬鮪魚
培根
酪梨
水煮蛋
煙燻鮭魚
酸豆
奶油乳酪
各種風味的橄欖油

分量依需製作的份數而定

1 將法棍切片。

2 將蒜頭與番茄對切，先拿蒜頭抹在切片法棍的其中一面上，再拿番茄也抹在同一面上。

3 小火熱鍋，放入無鹽奶油，放入〔2〕的法棍，雙面煎到金黃。煎好後拿起來作為基底麵包使用，準備放上不同的食材搭配。

羊乳酪蜂蜜生火腿

1 在準備好的番茄蒜味法棍上，放一片厚切羊乳酪，淋一點蜂蜜，放上一片生火腿。

2 以適量鹽巴與現磨黑胡椒調味，完成！

薩拉米油漬番茄

1 在準備好的番茄蒜味法棍上，擺 2~3 片薩拉米，疊上 1 片捲起的生火腿，擺上 1 片油漬番茄，放上 1 顆油漬橄欖，用竹籤將所有東西串起來。

2 撒上現磨黑胡椒，滴幾滴巴薩米克醋調味，完成！

爆的空間裡，大家肩碰肩，有人舉手一下要這個，有人伸手一下要那個，老闆整晚扯著嗓子輪番大吼「這盤是你的！那盤是誰的？」所有人喊來喊去，盤子在空中飛來飛去，整個場子熱絡地活像魚市場裡一大團買家正圍著耀手喊價競標！

吃個東西要這麼辛苦？嗯，那你大概可以想像 Montaditos 的美味魅力有多驚人了！

TIPS __ 不要怕嘗試，是時候大膽地將各種食材與調味配對，有甜有鹹好玩地創作出屬於自己的 Montaditos ！噢，用優質味美的橄欖油做最後妝點是小撇步！

【鹹的口味】調味料

大番茄 _____ 1 瓣
（刷麵包用）
大蒜 _____ 1 瓣
蜂蜜 _____ 1 小撮
巴薩米克醋 _____ 適量
檸檬 _____ 少許
鹽巴 _____ 適量
現磨黑胡椒 _____ 適量

皆可依個人口味料酌適量

櫻桃番茄油漬鮪魚

1 打開油漬鮪魚罐頭，將鮪魚肉鋪半於準備好的番茄蒜味法棍上。

2 再放上對切的櫻桃番茄，加上幾顆酸豆，完成！

培根酪梨水煮蛋

1 拿出平底鍋，開小火熱鍋，將培根煎到兩面香酥備用。

2 另一鍋中煮沸熱水，煮一顆水煮蛋。

3 挖出酪梨肉，切成小塊狀，以鹽巴、黑胡椒、檸檬汁調味。

4 在準備好的番茄蒜味法棍上，鋪上一層調味好的酪梨，放上對摺的培根，再擺上 1 顆或半顆水煮蛋。

5 以現磨黑胡椒跟幾滴特級初榨橄欖油調味，完成！

【甜的口味】主食材

草莓

藍莓

分量依需製作的份數而定

【甜的口味】調味料

卡士達醬 _____ 適量

蜂蜜 _____ 適量

糖粉 _____ 少許

皆可依個人口味斟酌適量

酸豆煙燻鮭魚佐黑松露橄欖油

1　在準備好的番茄蒜味法棍上，放上煎好的煙燻鮭魚，鮭魚可以是切片、可以是塊狀、可以剁碎。

2　擺上幾顆酸豆，滴幾滴黑松露橄欖油，完成！

奶油乳酪煙燻鮭魚佐蜂蜜巴薩米克醋

1　在準備好的番茄蒜味法棍上，抹上一層厚厚的奶油乳酪。

2　再淋一點點蜂蜜。

3　鋪上一片煙燻鮭魚，用牙籤將油漬番茄固定，撒一點現磨黑胡椒，淋一點巴薩米克醋，完成！

蜜桃生火腿佐蜂蜜巴薩米克醋

1　在準備好的番茄蒜味法棍上放一片生火腿，再擺上一片以蜂蜜醃漬過的蜜桃。

2　淋上幾滴巴薩米克醋調味，完成！

蜂蜜莓果卡士達

1　將草莓與藍莓洗淨，草莓切成片狀。

2　拿一片原味切片法棍，抹上卡士達醬（可用市面上的卡士達粉包，加牛奶攪一攪就手到擒來）。

3　擺上切片草莓與牙籤串起的藍莓，淋上一點蜂蜜，撒上糖粉，完成！

Note

簡單示範 8 種不同的口味，天曉得只要創意變來變去，差不多的材料改來改去，你真的可以輕鬆哼著歌隨意做出 800 種 Montaditos 端上桌驚豔眾人啊！

34 / 白酒蒜香蝦

這一道微大人風味的料理，作法簡單快速，又氣氛感十足，完全就是一道下班後想來點微醺跟嗆辣感的完美下酒菜。一口肉質 Q 彈的蝦、一口沾滿蒜香蝦油的麵包、一口白酒，最搭幾首爵士樂作為背景，單身或是有伴的夜晚。

如果你有要開把的對象，弄這道料理就對了，你會在整晚上包含做菜的過程都看起來游刃有餘，非常性感（咳，你自己還是要好好表現），然後想弄什麼都能弄到（大誤）。如果你單身，那更好，這道料理是我單身時的最愛，因為整鍋美味的白酒蒜香蝦（Gambas Al Ajillo）都是我的，哇哈哈哈哈！

TIPS __加入幾粒酸豆，不知道為什麼，只要酸豆一出現，質感就出現！（包含整個人的質感我沒騙你）

主食材

蝦仁	24 隻
（端看你到底想吃多少隻）	
白酒	1 大匙
無鹽奶油	5g
特級初榨橄欖油	70ml
酸豆	幾小匙

調味料

大蒜	4 瓣
西班牙雪莉醋（Sherry Vinegar）	1 匙
甜椒粉	1 小匙
乾辣椒	1 小撮
歐芹	1 小撮
檸檬汁	少許
鹽巴	少許
現磨黑胡椒	少許

皆可依個人口味斟酌適量

1 先將大蒜剁碎，然後和蝦仁、白酒一起放入料理鐵盆中，再倒入 70ml 橄欖油，以適量的鹽巴與現磨黑胡椒調味，放置約 15 分鐘。

2 預熱鐵鍋，在鍋中加入無鹽奶油，倒入〔1〕的橄欖油約 20ml 於鐵鍋中直達高溫（煙點前）。

3 油溫夠高時轉中火，加入〔1〕調味好的蝦仁和所有剩下的橄欖油一同翻炒（不要懷疑，這道菜就是要有非常大量的橄欖油，每一滴油最後都能作為沾醬配著吃），再加入甜椒粉與乾辣椒，翻炒約 2~3 分鐘即可。不要炒太久，避免蝦仁口感變硬。

4 加入雪莉醋、酸豆，擠一點檸檬汁，快速翻炒後立刻起鍋。

5 上桌前撒上歐芹裝飾，完成！

Note

特地加入多一些的橄欖油，因為這道菜非常適合搭配切片的法棍、粗獷的鄉村麵包，或任何自己喜歡的酸種麵包，一塊沾著鍋裡的橄欖油食用！充滿白酒跟蒜香的橄欖油，真的好吃到你會用麵包把整個鍋子都抹乾淨！

35 / 西班牙烘蛋

每當看到西班牙烘蛋，我就好似聽到《忽然一陣敲門聲》。欸，沒有歹徒拿槍抵著我的腦袋，威脅將我五花大綁，要我講一個能逃離現實的故事給他聽，我是真的聽到一陣敲門聲啦！

那一陣敲門聲，來自我宿舍走廊對面的西班牙同學，我以為今晚大家又要相約跑去奧地利林茲市中心的酒吧跳舞喝酒，他們總有一堆關於喝酒眼花撩亂的名目，像是搞笑的動物裝（一整路完全沒在管旁人的異樣眼神），一、兩公尺超長的彩色吸管（吸到要腦充血），用床單把自己包成希臘神話眾神（這真是我能想到最便宜的變裝了）⋯⋯所以今晚又是什麼？

門一開，咦？那個藍眼睛的西班牙男同學手裡端著一盤⋯⋯厚厚的東西是蛋糕？還是煎蛋？看起來好像我們的菜圃蛋，又好像不是？

主食材

雞蛋	3 顆
櫻桃番茄	10 顆
馬鈴薯	1 顆
櫛瓜	½ 條
洋蔥	½ 顆
特級初榨橄欖油	130ml
鮮奶油	10g

調味料

大蒜	1 瓣
迷迭香	適量
鹽巴	適量
現磨黑胡椒	少許
檸檬角	2 塊

皆可依個人口味斟酌適量

1. 將洗淨的櫻桃番茄對切再對切成 4 塊，馬鈴薯洗淨削皮後，與櫛瓜統統切成 1cm 小塊狀，洋蔥去皮切丁。

2. 將大蒜剁碎。

3. 開火加熱圓形平底不沾鍋，倒入 100ml 橄欖油，放入大蒜煎到金黃冒出香味。

4. 放入馬鈴薯先煎炸至半熟透，再加入洋蔥跟曛瓜翻炒到柔軟，關火。

5. 在料理碗中打入雞蛋，加入鮮奶油、櫻桃番茄與剛炒好的馬鈴薯、洋蔥、曛瓜，撒上適量迷迭香、鹽巴、黑胡椒調味，攪拌所有食材，放置約 3~5 分鐘。

6. 再次中火加熱平底鍋，往鍋中倒入 20ml 橄欖油，轉動鍋子讓油均勻覆蓋鍋底每一處後，再倒入〔5〕。不要攪動，等待約 5~8 分鐘，只需適時將平底鍋前後左右晃動，或以鍋鏟翻動側邊確保烘蛋不燒焦。

7. 當鍋中的蛋轉成金黃色後，關火，拿出一只大盤緊緊蓋在平底鍋上，再將鍋子倒扣，讓烘蛋置放於盤子上。

「Tortilla de Patatas Española.」他彈著舌說：「這是我為妳做的。」

這成為我第一個學會的西班牙單字，第一款認識的西班牙料理，又一道逃離生活苦悶的菜色。嘖嘖（我唯一會的彈舌），我吃的不只是料理，更是我的青春故事呀！

TIPS＿不要懷疑橄欖油的分量，真的就是要這麼多！利用大量的橄欖油像以半煎炸的方式將馬鈴薯炒到熟透鬆軟，這款的口感才對味！噢，還有，請記得務必使用平底不沾鍋！鍋子如果不對，你會看著眼前的烘蛋無語問蒼天……

8　往平底鍋中再倒入 10ml 橄欖油，再次放入烘蛋，將另外一面以小火也煎到呈現金黃色。（但務必維持烘蛋中央蛋液依舊微溼的晃動感，這是最美味的部分）

9　持續晃動平底鍋，等烘蛋煎好後再次拿出方才的大盤子扣上，將鍋中的烘蛋倒出來。（記得，自信大膽的手勢是一切！）

10　拿出刀子，你可以將烘蛋切成一片一片的扇形蛋糕狀，也可以切成一塊一塊的長方形，只要美就行！好啦，搭配檸檬角與美乃滋一起上桌吧！

這道菜吃起來有點像蛋、有點像餅、有點像蛋餅（笑），肚子微餓的時候來上這麼一塊，與沙拉搭配一起吃，營養又有滿足感。可以是前菜也可以是主餐，端看你到底幫自己切了多大塊！

36 / 巴斯克乳酪蛋糕

你們知道在西班牙北部有一個全世界米其林餐廳密集度最高的地方嗎？這個老饕們的摘星夢幻天堂，就是巴斯克地區！在這個美食的國度，誕生出一款前所未見的燒焦乳酪蛋糕，外觀焦黑焦黑，裡頭卻是軟嫩的半熟狀態。這款「醜水」代表出生於 1990 年，於 2020 年隨著巴斯克地區美食的鼎盛名聲，一同被瘋傳到世界各地，不但在 2021 年被知名的《紐約時報》評選為「Flavor of the Year」，更在東京掀起一股巴斯克乳酪蛋糕（Basque Burnt Cheesecake）排隊熱潮！

主食材

無鹽奶油	5g
奶油乳酪	250g
常溫全蛋	2 顆
蛋黃	1 個
動物性鮮奶油	125g
低筋麵粉	8g

調味料

楓糖漿	45g
香草莢	半根
鹽巴	1 小撮

皆可依個人口味斟酌適量

器具

手動打蛋器
電動攪拌器
6 吋圓形蛋糕烤模
烘焙紙

1　將奶油乳酪置於室溫中軟化（或用微波爐加熱軟化）。

2　軟化無鹽奶油後，塗抹在圓形蛋糕烤模內。將兩張烘焙紙交叉疊好，鋪滿在蛋糕烤模裡。不需要平鋪整齊，烘焙紙皺皺的沒關係，只要確認烤模的每一處都被烘焙紙覆蓋住即可。

3　以 220°C 預熱烤箱。

4　在料理盆內打入全蛋跟蛋黃，用打蛋器均勻混合。

5　在另一個大料理盆內，電動攪拌器開中速，把軟化的奶油乳酪攪拌成羽絨狀，加入楓糖漿繼續攪拌。

6　以小刀劃開香草莢，取出裡面的香草籽。在〔5〕的大料理盆內加入香草籽跟鹽巴，再慢慢把動物性鮮奶油倒入麵糊中，以低速攪拌至均勻滑順。

7　分 2 或 3 次加入〔4〕的蛋液在大料理盆中，每一次加入蛋液都要確保材料均勻混合，才再次加入蛋液。

8　麵粉過篩，加入大料理盆中，以低速繼續均勻攪拌到滑順沒有顆粒。

9　將麵糊倒入蛋糕模中，在桌上敲幾下敲出麵糊內的氣泡後送入烤箱。別忘了多敲幾下（你可以想著你的老闆或某個雞歪小人），這動作不但紓壓還能避免烤好的蛋糕表面出現孔洞。

你烤出來的蛋糕總是看起來很焦？你烤出來的蛋糕總是凹凹凸凸一點都不平整？你烤出來的蛋糕這裡熟那裡不熟？我跟你說，那你絕對是生來烤巴斯克乳酪蛋糕的！真的啦，出運了！有什麼蛋糕被烤得醜不拉嘰黑黑焦焦，還能讓人心安理得名正言順，抬頭挺胸終結自己廚房殺手的稱號？

TIPS ＿優質天然香草莢的魔力真的不是香草精可以取代的。我永遠忘不了曾經有一位深諳甜點的法文老師對我說：「香草精到底是什麼東西？能吃嗎？我一輩子都不想知道。」試試看，真的「天然欸尚好」！

10 以 220°C 烤 25~30 分鐘，直到蛋糕變得澎澎軟軟好似舒芙蕾那般。確認內裡尚未凝固是流心狀態，然而表面已呈焦黑的咖啡色。

11 想確認蛋糕烤好沒，可以在蛋糕正中央插入一根竹籤，若竹籤沒有沾上生麵糊就能出爐。反之，再將烤箱調到 180°C 繼續烘烤 5~8 分鐘。

12 將蛋糕從烤箱拿出來後，放涼至室溫。

13 蓋上保鮮膜，連同模具一塊放入冰箱冷藏 6~8 小時。等時間一到，模具一脫，烘焙紙一撕，準備好被這款從西班牙紅到全世界的巴斯克乳酪蛋糕驚豔震懾吧！

很多人說巴斯克蛋糕一定要冷藏後才能吃，其實剛烤好的熱呼呼巴斯克蛋糕從烤箱拿出來後直接吃，會吃到一種幸福的卡士達醬香濃口感。放入冰箱冷藏幾小時後再吃，蛋糕的口感則會變得像濃郁的重乳酪蛋糕。若冰到冷凍庫再拿出來吃，口感又變成綿綿密密的冰淇淋！只融你口不融你手的巴斯克蛋糕，你最喜歡哪一種吃法？保證它將顛覆你過去對所有乳酪蛋糕的認知！

37 / 鳳梨可樂達

在我還沒邂逅桑格利亞（Sangria）之前，我最愛的一款雞尾酒，就是1978年被波多黎各政府宣布為「國飲」的可樂達「Piña Colada」，這是一款外型跟風味都能一秒把人帶到加勒比海豔陽下，徜徉在熱帶島嶼風情的雞尾酒，不但被 CNN 票選為全世界前 50 大最好喝的飲料之一（西班牙的桑格利亞、臺灣的珍珠奶茶、日本的養樂多、美國的棉花糖熱巧克力也都上榜了），也被作曲家魯伯特·霍姆斯（Rupert Holmes）寫成〈Escape（The Piña Colada Song）〉（逃離〔可樂達之歌〕）這首歌，你知道每年的 7 月 10 日還是「國際可樂達」（National Piña Colada Day）日嗎？

嘿，好萊塢著名女星瓊·克勞馥（Joan Crawford）甚至在喝下一口 Piña Colada 後，脫口而出那句「It was better than slapping Bette Davis in the face.」（這比甩奧斯卡影后貝蒂·戴維斯一記耳光還過癮），你大概就可以想像到這款調酒有多美妙了？

如果你也想從無趣的生活中「escape」，想感受加勒比海的豔陽跟微風，又或者真的忍不住想甩誰幾巴掌（冷靜），那就趕快打開你的冰箱跟果汁機，動手調一杯 Piña Colada 喝起來欸！

TIPS __ 就說了「天然欸尚好」，與其選罐裝鳳梨，你真的需要直接殺一顆鳳梨！

主食材

白蘭姆酒 _____ 30ml
椰奶 _____ 30ml
鳳梨汁 _____ 30ml
冰凍的鳳梨果肉 __ 100g
冰塊 _____ 5 顆

1　將所有材料倒入果汁機內，充分攪打直到質地均勻成冰沙狀。

2　倒入漂亮的雞尾酒杯中。或者更有感覺的喝法，把冰沙全部倒入挖空的鳳梨裡頭！

3　可以用鳳梨、糖漬櫻桃、覆盆子、小雨傘等裝飾，做點充滿加勒比海熱帶風情的點綴，喝起來更有 feel ！

Note

· Piña Colada 的酒譜有千百種，光是選擇不同的椰子水、椰奶、椰漿，就能調出不同的風味口感，更別說你要用百加得蘭姆酒（BACARDÍ Rum）為基底，還是直接使用充滿椰子風味的馬里布椰子蘭姆酒（Malibu），或者加入 Piña Colada 風味的糖漿，覺得不夠酸，還可以擠點萊姆汁。

· 不同的靈感，不同的作法，不同的發揮，不同的趣味！但放輕鬆，基本上只要找來椰漿、蘭姆酒、鳳梨汁這三種材料，等比例倒入杯子裡，再加一把冰塊，你就能擁有一杯美味無敵的 Piña Colada。如果想喝無酒精的版本，那就把蘭姆酒去掉，鳳梨汁跟冰塊加多一點，真的就是這麼簡單！

38 / 白桑格利亞

第一次喝到這款美味無比的調酒，我不喜酒精的開關就立刻被打開！我永遠也忘不了一個人坐在西班牙巴賽隆納的小餐館裡，一邊讚嘆海鮮燉飯，一邊讚嘆我眼前這杯塞滿水果的飲料是怎麼回事！

桑格利亞「Sangria」是果酒，也號稱是西班牙的國酒。它是由原意「鮮血」這個字來的，所以大家熟知的桑格利亞用的是如鮮血般色澤的紅酒作為基底，是不是很有感覺？而我自己私心更愛的白桑格利亞（White Sangria），選用的則是甜白酒，不同的味道滿足不同的喜好，兩款都是 yummy yummy very tasty ！

TIPS __ 這是一款水果可繁可簡的調酒，水果越多，滋味就越豐富！放在冰箱冷藏的時間越久，入喉的滋味就越驚豔！

主食材

柳橙	1 顆
甜桃	1 顆
蘋果	1 顆
奇異果	1 顆
萊姆	1 顆
綠葡萄	8 顆
草莓	4 顆
藍莓	12 顆
甜白酒	250ml
氣泡水	250ml

（如果想要甜一點，可改用雪碧汽水代替氣泡水）

冰塊	12 顆

調味料

蜂蜜	20ml

皆可依個人口味斟酌適量

1　將所有水果洗乾淨，柳橙和奇異果剝皮切片。

2　甜桃、蘋果、萊姆去核、去籽，切片。

3　綠葡萄跟草莓對切。

4　將所有水果依序放入玻璃壺中，加入蜂蜜。

5　倒入白酒，將玻璃壺放入冰箱冷藏 2~4 小時等待發酵（放越久，水果甜味越甜會越好喝）。

6　準備飲用時，在玻璃壺中倒入氣泡水攪拌。

7　在杯中放冰塊，倒滿白桑格利亞，別忘了加進一點玻璃壺裡的繽紛水果們，甚至再去切一顆草莓或一片萊姆在杯緣做裝飾！好好看又好喝死了！乾杯！

基本上想加什麼水果，就不要客氣統統加進去吧！水果越多，滋味就越豐富好喝！好喝到在你倒下之前，我必須提醒你小心飲用。如果不想要喝有酒精的版本，可以直接用氣泡水加雪碧汽水和蜂蜜取代甜白酒，試試看，無酒精的 Virgin White Sangria 也是非常美味，大人小孩都適合！

情迷中東

MIDDLE EASTERN CUISINE

CHAPTER

V

鷹嘴豆泥 / 土耳其大餅麵包 / 北非番茄鐵鍋蛋
土耳其烤雞肉串與酸奶沾醬 / 無花果蜂蜜肉桂蘋果磅蛋糕
西瓜草莓檸檬冰沙 / 柑橘氣泡飲 / 葡萄柚蜂蜜冰茶

V Middle Eastern Cuisine
情迷中東

"當今晚的胃口聲聲喚著古老而神祕的異國風味，
準備好拿出你料理臺上的所有香料（沒有就快去買），
實現一道道上桌後都將在彈指間離奇消失的美味。"

小警告：賓客可能會為了爭奪盤子裡的最後一口而大打出手。

在那個神祕的國度，香料的氣味似乎主宰著一切，時間因香料與古老而慢下腳步。我膜拜地盯著千百種色彩的香料，貪婪地吸著已流傳幾世紀的氣味，虔敬地靜靜觀察那些手繪的彩色杯盤，像是要把感知到的一切用最大力道刻進我的腦海中。

穿過大大小小的市集，所有的氣味、聲音、動作都是如此合乎傳統，夢境一般的迷宮色彩不斷擦過我的身軀。睜開眼睛，我並不是在做夢，當一大清早我看到面前的餐桌上被擺得滿滿滿，內容大概有八千種沾醬、八千種果醬、八千種乳酪、八千種橄欖、八千種堅果、八千種非常原型的蔬菜和水果，以及一大疊比我昨晚躺的枕頭還高的麵包山丘，澎湃到如此誇張的早餐，我就知道我人還在土耳其！

事情是這樣的，我的伊斯坦堡之旅與摩洛哥假期已經結束，但幸好，我的中東食譜筆記留了下來。

39 / 鷹嘴豆泥

我永遠也忘不了那時在倫敦，所有人躡手躡腳鬼鬼祟祟全擠在阿拉伯朋友家的大冰箱前，只為了趁他媽媽睡著時，你一口、我一口，把冰箱裡那幾盒 homemade 鷹嘴豆泥偷吃光光。媽啊！這什麼東西？也太好吃了吧！

「是 Hummus！他媽媽做的 Hummus 是全天底下最好吃的！我們一天到晚來偷吃！」朋友們有人拿湯匙挖，有人直接用手指挖，邊挖邊吃邊說，不到兩、三分鐘，那幾盒被千交代萬交代不准偷吃，晚上要拿來宴客的鷹嘴豆泥「Hummus」，就此從冰箱裡消失無蹤，也就此在我的美食地圖裡現形。

主食材

鷹嘴豆	300g
小蘇打粉	1 小匙
中東芝麻醬（Tahini）	160g
特級初榨橄欖油	30ml
冰塊	4 顆

調味料

大蒜	2 瓣
檸檬	1 顆
孜然粉	適量
海鹽	適量
甜椒粉	適量

皆可依個人口味斟酌適量

1 拿一個大盆，將鷹嘴豆全部倒入後清洗，加入 6 倍的水浸泡一晚。

2 將泡過豆子的水倒掉，把鷹嘴豆全倒入鍋中，加水覆蓋高過鷹嘴豆約一個指節高度，放入 1 小匙小蘇打粉幫助鷹嘴豆軟化與脫皮。

3 開火，將鍋中的水煮沸至大滾。

4 水滾後轉小火，加入 1 小匙鹽巴，蓋上鍋蓋燜煮約 1.5 小時，直到豆子變軟。過程中持續撈掉浮出來的泡沫。

5 煮好的鷹嘴豆撈起來，倒入另一只盆子裡，加冷水泡涼豆子，再以雙手輕輕搓揉豆子去皮。

6 去好皮的鷹嘴豆瀝乾靜置，等豆子全部變涼後，仔細擦乾多餘水分。

7 擠檸檬汁，剁碎大蒜，將大蒜浸泡於檸檬汁裡。

8 將中東芝麻醬和〔7〕放入食物調理機，以雙刀頭搗碎攪拌約 2 分鐘，直到濃稠滑順。

9 為了讓口感更濃稠，放入 4 顆冰塊，繼續攪拌約 30 秒。

鷹嘴豆泥是中東地區非常知名的經典抹醬料理，如果你跟我一樣愛吃中東菜，那對於鷹嘴豆泥的樣貌絕對不陌生。除了口感綿密、絲滑、濃郁，還含有豐富的膳食纖維跟蛋白質，是有益健康的低 GI 食物，除了適合素食者，充分的飽足感也讓鷹嘴豆泥成為健身新寵兒！

TIPS __ 想要做出口感最順、最滑、最綿密的鷹嘴豆泥，建議捨棄罐頭，選擇原始包裝的乾貨。將鷹嘴豆先浸泡一晚後再用滾水煮開的作法，保證讓你在家自己做出來的鷹嘴豆泥比餐廳賣的還好吃！

---

10 加入橄欖油、適量的孜然粉、少許海鹽，繼續攪拌約 1 分鐘。

11 留幾顆煮好擦乾的鷹嘴豆，最後裝飾用。其餘的鷹嘴豆分兩次，放入〔10〕的食物調理機中攪拌至濃稠滑順。

12 如果打出來的豆泥過於濃稠，可加入 2~3 小匙的冰水。

13 將完成的鷹嘴豆泥裝盛在盤中，以幾顆煮好的鷹嘴豆、橄欖油、孜然粉、甜椒粉，撒在上頭做最後裝飾。

14 鷹嘴豆泥可以搭配皮塔餅（Pita bread）或其他中東大餅，也可以佐蔬菜，放到冰箱冰鎮後再拿出來吃，也非常美味哦！

Note

做好的鷹嘴豆泥可以沾口袋餅、法棍、吐司，甚至配蘇打餅乾一塊吃，又或者佐烤羊膝跟烤羊排，搭配蔬菜享用也很棒！試試看，真的好吃到吮指！把做好的鷹嘴豆泥放入保鮮盒中密封，還能在冰箱儲存 4~6 天，任何時候拿出來都好吃！（當然，也可能一上桌就美味到一點豆泥都無法剩下給冰箱了！）

40 / 土耳其大餅麵包

雖然一般鷹嘴豆泥都是搭配中東皮塔餅一起吃，但我自己私心偏愛口感更 Q 更厚實一些些的土耳其大餅麵包「Bazlama」！

這款在土耳其很流行的圓圓、胖胖、澎澎扁麵包，外型非常討喜，口感柔軟卻又有嚼勁，通常都拿來搭配鷹嘴豆泥沾醬吃，也可以配咖哩，或者切開做成三明治，單配優質的橄欖油沾著都好吃。不論想怎麼吃，剛烤出來的新鮮土耳其大餅麵包無疑是最好吃的，趁燒！

主食材

高筋麵粉 _____ 500g
乾酵母 _____ 10g
溫水 _____ 150ml
溫牛奶 _____ 160ml
特級初榨橄欖油 __ 10ml
無鹽奶油 _____ 540g

調味料

鹽巴 _____ 7g
白砂糖 _____ 10g
歐芹 _____ 適量

皆可依個人口味斟酌適量

1　在調理盆內倒入麵粉、乾酵母、鹽巴、白砂糖，攪拌均勻。

2　倒入溫水與溫牛奶，用刮勺攪拌均勻。

3　倒入橄欖油，以手揉捏至麵團成形不沾黏。

4　將揉製好的麵團以保鮮膜封好，靜置於室溫中約 1 小時。

5　取出麵團，以小刀將麵團分為 6 份。

6　以手將麵團揉捏成 6 顆小圓球。

7　在平檯上撒一些麵粉，放上小圓球麵團，再以擀麵棍一一將麵團擀平。

8　先取一片擀平的麵團放入煎鍋中，不放油，乾鍋以中小火雙面反覆不停翻動，煎烤約 6~7 分鐘，烤到表面出現金黃、焦焦的漂亮色澤。

9　麵團在煎鍋裡會像顆吹了氣的可愛氣球不斷向上澎起，不需要特地戳破麵團，當麵團從熱鍋中移開後會自動消風。

10　重複前述動作，依序煎烤完 6 個大餅。

11　融化無鹽奶油，將歐芹加在奶油裡攪拌。

12　拿出小刷子，沾取〔11〕分別刷在煎烤好的大餅正反
　　兩面，完成！

Note

這款在土耳其被吃了好幾個世紀的傳統麵包，如果你把
它剝開，會發現它是中空的，也就是俗稱的「口袋麵
包」，你也可以在裡面盡情夾入自己喜歡的蔬菜、肉類、
沾醬，做成風情獨具的中東三明治哦！

41 / 北非番茄鐵鍋蛋

番茄鐵鍋蛋「Shakshuka」在阿拉伯文的意思是「混合物」，混合了大量蔬菜、香料、起司，光用想像的，口中的唾液是不是就已開始分泌？這道源自於北非突尼西亞的料理，傳入中東地區後，成為當地人的日常早餐，甚至一日三餐都是吃一盤北非番茄鐵鍋蛋的好時機！更因不油不膩的健康地中海飲食風格，也成功進軍歐美，這道北非番茄鐵鍋蛋以各款適應當地飲食風格的版本流行至世界各地，說是視覺與味覺雙重刺激的療癒系料理一點也不為過啊！

酸酸甜甜的番茄醬汁基底完全撩起食慾，熱呼呼好燙口的燉蔬菜吸飽吸滿精華，再配上有夠銷魂的半

主食材

去皮切丁番茄罐頭	240g
雞蛋	4~6 顆

（依喜好或人數而定）

洋蔥	½ 顆
紅色甜椒	½ 顆
特級初榨橄欖油	3 小匙
費塔乳酪（Feta）	適量

調味料

大蒜	2 瓣
甜椒粉	2 小匙
孜然粉	1 小匙
卡宴辣椒粉（Cayenne Pepper）	1 小撮
新鮮西芫荽	少許
新鮮歐芹	少許
海鹽	少許
現磨黑胡椒	少許

皆可依個人口味斟酌適量

1　200°C 預熱烤箱。

2　將洋蔥去皮，切丁。

3　將甜椒洗淨去蒂頭去籽，切丁。

4　將大蒜切碎。

5　拿出一鐵鍋，開中火，倒入橄欖油。

6　加入切丁的洋蔥與甜椒，拌炒約 15 分鐘，直到洋蔥軟化呈現半透明色，加入切碎的大蒜繼續拌炒約 1 分鐘。

7　加入甜椒粉、孜然粉、卡宴辣椒粉，繼續拌炒 1 分鐘，直到調味粉均勻入味。

8　倒入一整瓶去皮切丁的番茄罐頭，撒上適量的海鹽與現磨黑胡椒調味。

9　轉小火燉煮，直到鐵鍋中的番茄醬汁呈現濃稠狀態。

10　在蔬菜與番茄醬汁上挖幾個小洞，分別打入整顆雞蛋。

11　將鐵鍋移入烤箱，200°C 烤 7~10 分鐘，讓雞蛋呈現最完美的半生熟狀態。

熟金黃蛋汁！不用說，我在土耳其每天早起就為了這一鍋北非番茄鐵鍋蛋！在摩洛哥不看菜單就大喊：「Shakshuka！」在巴黎等到飢腸轆轆我也不退出排隊人龍，誓言要吃到某間紅翻天的「Shakshuka早午餐」！

當然，現在我最愛的北非番茄鐵鍋蛋，就在我自己的餐桌上！

TIPS __ 如果是番茄季節，就選新鮮的大顆牛番茄，但平日用番茄罐頭一樣很好吃啦！

---

12 將鐵鍋從烤箱拿出來，嚐嚐看味道，如果需要，可以再撒一點海鹽與黑胡椒調味。

13 將新鮮的西芫荽與歐芹切碎，連同費塔乳酪一塊豪邁鋪撒在烤好的番茄鐵鍋蛋上。

Note

· 北非番茄鐵鍋蛋已成為風靡世界各地的健康早午餐，只用番茄、洋蔥、甜椒、蛋、香料混合而成，很適合蛋奶素者，也適合宿醉者，更是一道不浪費的清冰箱料理（笑）。

· 我非常非常喜歡北非番茄鐵鍋蛋，它可以當作主菜直接吃，也可以搭配鷹嘴豆泥一塊吃，拿來沾麵包一起吃也非常滿足。夏天開胃，冬天暖胃，不論四季還是三餐，北非番茄鐵鍋蛋就是那麼討喜。

42 / 土耳其烤雞肉串與酸奶沾醬

你知道土耳其的各種烤肉串嗎？我曾在土耳其當地吃過。跟我們中秋烤肉要刷上烤肉醬那種甜甜鹹鹹的烤肉片不同，土耳其的烤肉塊就跟鄂圖曼帝國的戰士們一樣，很粗獷很巨大！傳說中，這些袒著八百塊胸肌與腹肌的壯士們，就是用上場殺敵的利劍，一把將肉塊串起後放進熊熊烈火中燒烤！土耳其語的「Şiş」就是「劍、串、烤肉叉」的意思，所以把不同的肉串在烤肉叉上去燒烤，例如烤雞肉串（Chicken Kebab）的土耳其語就是「Tavuk Şiş」。

【烤雞肉串】

主食材

去骨雞腿肉	2 大隻
洋蔥	¼ 顆
優格	60g
特級初榨橄欖油	10g

調味料

大蒜	2 瓣
檸檬	½ 顆
月桂葉	2 片
奧勒岡（Oregano）	1 小匙
甜椒粉	2 小匙
辣椒片	1 小撮
鹽巴	1 小匙
現磨黑胡椒	適量

皆可依個人口味斟酌適量

器具

竹籤（數根）

烤雞肉串

1　以冷水清洗雞肉。

2　清洗完的雞肉用餐巾紙大致吸水擦乾，切成大塊。

3　將洋蔥去皮，用不鏽鋼刨絲器磨成泥。

4　大蒜也同樣磨成泥，與〔3〕的洋蔥泥加在一塊。

5　將〔4〕的洋蔥大蒜泥過篩，去除掉固體的渣，僅留下洋蔥大蒜汁。

6　在〔5〕中加入檸檬汁、優格、橄欖油、月桂葉、奧勒岡、甜椒粉、辣椒片、鹽巴、黑胡椒，攪拌均勻。

7　將切好的雞肉放進〔6〕完成的醃料中醃漬，放入冰箱冷藏約 3~4 小時。

8　將醃好的雞肉塊分別插進竹籤中，全部串好後，再稍微撒一點鹽巴調味。

9　在平底鍋中加熱橄欖油，依序放入一根根雞肉串。以中小火持續翻面慢煎，確保雞肉串的每一面都均勻煎至色澤金黃。

10　可再撒上少許的奧勒岡與甜椒粉調味。喜歡吃辣的人也可以再多撒一些辣椒片！

11　將雞肉串煎成美麗的金黃色，即可起鍋！

這款烤肉串上桌的方式可以依舊原始又粗獷地整根端上，也可以把烤熟的肉從肉叉上取下來，搭配鷹嘴豆泥、北非番茄鐵鍋蛋、烤過的蔬菜，跟土耳其大餅擺盤享用。別忘了多準備一份清爽的土耳其酸奶沾醬「Haydari」，跟烤肉串真的是絕配！

TIPS __記得先將竹籤泡在水裡 1~2 小時後再串雞肉，這樣下鍋煎雞肉串時，竹籤才不易起火、燒焦唷！

【酸奶沾醬】

主食材

希臘優格	½ 杯
費塔乳酪	50g
薄荷葉	3 片
特級初榨橄欖油	15ml

調味料

大蒜	1 瓣
蒔蘿（Dill）	1 匙
新鮮檸檬汁	1 匙
海鹽	1 小撮

皆可依個人口味斟酌適量

酸奶沾醬

1　拿出一玻璃調味料理盆，放入費塔乳酪後搗碎。

2　將大蒜剁碎後，加入〔1〕。

3　以海鹽調味。

4　加入橄欖油。

5　倒入希臘優格，再加入蒔蘿、剁碎的薄荷葉、新鮮檸檬汁均勻攪拌。酸奶沾醬也可放入冰箱中保存，冰冰的也好吃。

Note

· 製作清爽的土耳其酸奶沾醬其實有個更飛快的小方法，如果你有食物調理機，那就把所有食材全部丟進去攪打！攪拌成光滑的沾醬狀態就完成！做好的沾醬放到冰箱冷藏後，冰冰吃更好吃！

· 完成的土耳其烤雞肉串可以搭配烤餅吃，也可以塞在烤餅裡面，再放入其他蔬菜跟抹醬或者酸奶沾醬做成中東三明治！

43 / 無花果蜂蜜肉桂蘋果磅蛋糕

中東傳統的甜點大部分都運用非常大量的堅果（像是核桃、開心果、杏仁等）、大量的椰棗、大量的香料、大量的蜂蜜、大量的糖漿，大部分的口感吃起來都是甜甜軟軟又黏黏，很紮實、很有分量感、很黏牙，也非常飽足，請務必配茶、咖啡、或清爽的飲料一塊享用。

偷偷說，我自己覺得中東甜點對我來說真的非常非常非常甜（請容許我很想用一百個非常），在土耳其的那段時光，我都默默略過甜點，所以沒有「Kunafeh」，也沒有「Cashew Baklava」，而是以這

主食材

【蜂蜜肉桂蘋果】

大蘋果	1 顆
白砂糖	30g
水	5g
肉桂粉	3g
蜂蜜	10g
無鹽奶油	10g

【磅蛋糕】

無花果	2 個
開心果	8 顆
雞蛋	2 顆
低筋麵粉	100g
無鹽奶油	100g
楓糖漿	15g
牛奶	20ml
鹽巴	1 小撮

【糖霜】

糖粉	40g
水	10g

皆可依個人口味斟酌適量

1　蘋果洗淨削皮，去核後將果肉切成丁狀。

2　平底鍋開小火，鋪上白砂糖，加水。在白砂糖融化過程中不要太早攪拌，避免出現反砂現象。

3　等白砂糖融化開始變色後，加入蘋果丁跟肉桂粉還有少許蜂蜜。

4　翻炒蘋果丁直到水分揮發。

5　加入無鹽奶油，翻攪直到奶油融化。（到這邊已完成煮蜂蜜肉桂蘋果的步驟）

6　烤箱預熱 180° C。

7　將烤磅蛋糕的奶油置放於室溫中軟化，接著和蜂蜜一起用電動攪拌器打至呈乳白色羽絨狀。

8　加入雞蛋，繼續用電動攪拌器高速拌打。（但記得分幾次慢慢加，避免出現油水分離的狀況）

9　麵粉中混入 1 小撮鹽巴，接著過篩，分 2~3 次篩入方才完成的〔8〕。

10　用橡皮刮刀拌勻麵糊，攪到沒有顆粒感後，加入牛奶繼續攪拌直到麵糊滑順。

11　在磅蛋糕烤模內抹奶油，方便烤完後脫模。

道在我的土耳其閨蜜家吃到的變化版無花果蜂蜜肉桂蘋果磅蛋糕，來和大家分享我記憶中的中東風情（這個沒有很甜，讓他們往我嘴裡塞上兩塊可以）。

TIPS __ 你也可以偷懶不要先煮什麼蜂蜜肉桂蘋果，直接把蘋果丁通通丟進去麵糊裡，送進烤箱也能完事。但我只能說，使用有先煮過的蜂蜜肉桂蘋果，你烤出來的磅蛋糕根本是開店秒殺款！

器具

電動攪拌器
20cm 長方形磅蛋糕烤模

12 將麵糊倒入薄薄一層在烤模裡，接著隨性鋪上一層蜂蜜肉桂蘋果丁。重複一層麵糊一層蘋果丁的動作，直到麵糊與蘋果丁用光，烤模約 8 分滿。

13 鋪平麵糊後，隨意放上切塊的無花果，撒滿切碎的開心果，作為磅蛋糕的頂部裝飾。

14 180°C 烤約 25~30 分鐘，最後再放置於烤箱裡悶 5 分鐘。可以用竹籤戳進蛋糕確認，如果拔出來沒有麵糊沾黏就代表烤好可以吃囉！

＊現在，你有兩個選擇，停留在上面的步驟結束一切。又或者追求更進一步的完美：

15 想更進一步搭配糖霜做裝飾的話，記得先將烤好的磅蛋糕置於室溫中放涼。

16 拿出一調理盆，倒入糖粉，再加入水，均勻攪拌即完成糖霜。拿一支小湯匙，將糖霜淋在磅蛋糕最上頭做美麗的裝飾。充滿中東風情的磅蛋糕完成！

Note

我心中最美味的磅蛋糕品嚐方式，其實是切下一塊剛烤好的熱呼呼磅蛋糕放在盤子裡，接著挖一球香草冰淇淋放上來！一口熱，一口冰，親愛的，這個搭配實在太正點啊！(我希望你的牙神經受得住)

44 / 西瓜草莓檸檬冰沙

消暑止渴降血壓的「西瓜」，配上利尿消水腫還含有高維生素 C 的果中之后「草莓」，再來一點提高免疫力改善膚質的「檸檬」，打成一杯酸酸甜甜，根本就是戀愛中好滋味的「西瓜草莓檸檬冰沙」，解渴、好喝、多 C 多健康，加點裝飾還可可愛愛。想要自己在家打出一杯口味跟樣貌都高級的美味冰沙，真的就是這麼簡單！

主食材

草莓	10 顆
西瓜	¼ 顆
綠檸檬	1 顆
冰塊	7 顆

調味料

蜂蜜	8g

皆可依個人口味斟酌適量

1　擠檸檬汁。

2　草莓洗淨去掉蒂頭。

3　西瓜切片去籽。

4　將所有果肉放進果汁機裡，加入檸檬汁、蜂蜜、冰塊。

5　打到濃稠後去掉殘渣，倒入杯中，完成！

> Note
>
> 發揮創意，試著挖幾球小西瓜球，用竹籤串起做成裝飾，或再插一片薄片檸檬在杯緣，鮮豔繽紛的夏日色彩能讓你的冰沙看起來更消暑可口！

45 / 柑橘氣泡飲

這真的不是什麼費工的飲品，就像本書所有的菜色與調飲一樣，就是要讓你用最簡單的方式，不論廚房老手、廚房新手或廚房殺手，都能輕輕鬆鬆游刃有餘做出看起來講究的一品。

TIPS __ 但讓成功率更提升的訣竅是什麼你知道嗎？答案是慎選你的杯子！都已經快看到最後一頁了，不覺得整本食譜祕笈裡，我用的每一款器具都很美嗎？不可能覺得這全是巧合的吧！哪有那麼巧的事？當然是我用心評估審慎嚴選啊！時而粗獷、時而精緻、時而飽和、時而透明，高矮胖瘦、圓柱方形，器皿的重量、厚度、色澤、造型都左右著食慾是大增還是不振啊！不可不慎！

主食材

柑橘	4 顆
檸檬	1/2 顆
氣泡水	200ml
冰塊	7 顆

1　將柑橘去果皮後，去掉橘絡再去皮。

2　擠檸檬汁。

3　果汁機裡放入上面所有材料，攪拌至濃稠狀態後倒入杯中。

4　加入冰塊，再倒入氣泡水，你的這杯漂亮飲品就準備好了！

Note

除了以檸檬搭配柑橘，鳳梨跟柑橘一塊也是很搭的選擇。而芒果則是百搭款，幾乎混什麼都好喝！雖然說究竟哪些水果適合互相搭配真的是學問，但最後私傳簡單偷吃步：「清新配清新，例如檸檬、葡萄柚、水梨；濃醇配濃醇，例如草莓、芒果、香蕉。只要口味相近，成功率幾乎就是無懈可擊的百發百中！」

46 / 葡萄柚蜂蜜冰茶

從小，米爸一直跟我說蜂蜜性質溫和、有多種營養、對身體好又養顏美容巴拉巴拉，所以他常在夏天泡冰蜂蜜水、冬天泡溫蜂蜜茶給我喝，不忘提醒水的溫度一定要 40°C 以下，以免破壞蜂蜜的營養價值。大概是這樣，「蜂蜜」這個食材自此植入我的潛意識，導致我不論走到世界哪個地方，只要一看到蜂蜜就會自動被吸過去：法國的小農攤販上、德國的聖誕市集內、土耳其的香料市場裡，旅行的路上總不忘帶一罐當地發現的蜂蜜回家。我會拿蜂蜜入菜或做甜點，會拿來泡養身的蜂蜜水或做一杯酸甜潤口的蜂蜜檸檬，又或者我最喜歡的這杯「葡萄柚蜂蜜冰茶」！

TIPS __ 不同的蜂蜜口味會直接影響飲品的味道，大家可以試試看以自己喜歡的蜂蜜來玩調配。但因為不是所有蜂蜜都適合做成飲料，若選擇臺灣本土產的蜂蜜，不妨試試看香味醇厚的龍眼蜜、帶有荔枝花香的荔枝蜜、香味清雅的百花蜜、帶有柑橘香氣的柚子蜜等，完成飲品的香氣與風味都會很迷人！畢生心得最後依舊不藏私，獻給正研讀這本祕笈到最後的你！

主食材

葡萄柚	2 顆
冰水	280ml
冰塊	7 顆

調味料

蜂蜜	40g

皆可依個人口味斟酌適量

1　將一顆葡萄柚果肉切片，取幾片放於密封罐中，倒入一層蜂蜜。

2　重複上述動作，一層果肉，一層蜂蜜。

3　讓葡萄柚果肉浸漬在蜂蜜裡約 20~30 分鐘。

4　將另一顆葡萄柚榨成汁，倒入杯中再放入冰塊。

5　倒入冰水，可視喜好再加入少許蜂蜜。

6　在杯中放入幾片〔3〕醃漬好的葡萄柚果肉，完成！

· 葡萄柚不但健康、營養成分高、抗氧化，熱量還很低！除了當水果直接吃，做成飲品、冰沙來解饞，都是很棒的手搖飲料替代品。當想喝飲料又怕身體攝取過多糖分負擔的時候，就以天然蜂蜜替代人工糖漿，讓身體更輕鬆也更健康吧！

· 噢對了！你知道為什麼買蜂蜜常常會附帶一支木勺嗎？因為蜂蜜本身帶有弱酸性，如果用金屬製的湯勺挖取，可能造成蜂蜜的氧化反應導致顏色變黑，破壞蜂蜜的營養成分，所以取用時盡量用木匙或者直接用倒的方式會最理想唷！

「Anyone can cook！」
貫徹本書的始與終，
給一點相信自己的信心，
想動手做出漂亮的菜色和飲料，簡單啦！
（前提是你已心領神會這本祕笈）

締造歡聚時刻

Invite your love ones to
memorable moments around the table

即日起至2022/12/31
瑪黑家居網站與門市，單筆滿 **$1,500** 享 **95** 折
網站輸入專屬折扣碼 **MLQ95** 或 於門市出示此廣告頁手機截圖

專屬優惠不得與其他優惠併用｜瑪黑家居選物保留活動修改權利

 MARAIS   瑪黑家居選物 www.storemarais.com   瑪黑家居 台北敦南店/台北中山店/台中文心秀泰店

RIEDEL
THE WINE GLASS COMPANY
GRAPE VARIETAL SPECIFIC®

奧地利酒杯之王

有「酒杯之王」稱號的奧地利品牌RIEDEL,至今擁有266年的歷史,是機能性酒杯領導品牌也是史上第一個發表酒杯形狀,會影響酒的香氣、口感、均衡與餘韻的品牌,RIEDEL不僅改變酒杯世界更受到專家的肯定。RIEDEL也是第一個發表無梗酒杯的品牌,無梗酒杯除了具機能性外,也因可外出攜帶或用於調酒、果汁因等多功能而受到喜愛。

O杯是居家多功能必備杯款

(圖中為Fatto A Mano彩色杯系列)

居禮名店 (02)2702-7717　www.curio.com.tw　f Riedel 粉絲俱樂部

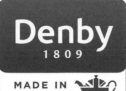

Denby是來自於英國百年工藝品牌，創立於1809年且於英國設計製作，獨家釉料配方與低彩度的簡約設計，能輕鬆搭配各種室內風格並襯托料理的美味，可進烤箱直接上桌便利功能，讓料裡變的輕鬆時髦。

（圖中為品牌經典藍色藝匠系列）

居禮名店　洽詢電話(02)2702-7712　www.curio.com　f 居禮名店

可烤箱　可微波　可冷凍　洗碗機

LA COPA OSCURA
深杯子

整個空間大量採取大地紅土當作主色系，外牆噴灑性格紅色石頭漆，呈現南歐陽光充足與乾燥涼爽的狀態，映入眼簾是溫暖的柔光，一種歡迎回家的溫柔質地，回的不是實體的家，而是自己心中的那個家。

「回歸」是我們出生後就直接踏上的路程，找尋自己的定位，慢慢來，深杯子概念店不是讓你逃避的地方，而是讓你放鬆與再出發的秘密基地。

我們每月推出 4-5 款單杯精選酒款套組，從不同主題到各式葡萄酒款推薦（紅酒 / 粉紅酒 / 白酒 / 橘酒等）
點杯小酒，一些地中海輕食，不定時舉辦品酒活動，跟著深杯子共同漂浮漫遊在葡萄酒的仙境。

台北市北投區石牌路一段39巷69號 02 28230234
Time 1-9pm (TUE-THU&SUN) 2-10pm(FRI&SAT)

西班牙
橄欖油
葡萄酒 專 賣

掃描下載深杯子購物APP
結帳輸入CTBOOK2022享全館滿千折百
優惠至2023.09.30 止

禁 止 酒 駕 飲 酒 過 量 · 有 害 健 康

coquology

廚房是生活的中心，這裡發生且包容了生活中所有芝麻鎖事，烹調出家的味道。
生活同時也是一門學問，如同料理一般，不同的組合成就不同的滋味。
Coquology料理生活提供經典及永續經營為理念的料理道具/器皿，生活用品，食材和料理分享，
期許創造各種不同生活的面貌。

好食好市
Healthy House

— 環遊世界經典食材、天然美味輕鬆饗食 —

> 煎煮炒炸，特級初榨橄欖油 <

> 居家私廚，天然義式麵醬組 <

> 香甜底蘊，馥郁花香熟成生蜜 <

> 台灣小農，短圓晶透Q彈飽滿 <

結帳輸入 millyq2022 享全站98折，新註冊會員再享$50購物金。

客服電話：02-2755-1366 | www.behealthyhouse.com | 掃描下單

THANK YOU

感謝以下單位協助拍攝

（按首字排序）

Coquology 料理生活

Marais 瑪黑家居選物

rin 圍裙生活品牌

好食好市 Healthy House

居禮名店 CURIO BOUTIQUE

深杯子 La Copa Oscura

米粒Q的環遊世界餐桌

簡單快速就得分！隨時隨地用最有風情的方式暖心暖胃上菜啦！

作　　者	米粒Q（MillyQ）
內頁攝影	璞真奕睿影像
封面攝影	WAWA

總 編 輯	王秀婷
責任編輯	李　華
版　　權	徐昉驊
行銷業務	黃明雪

發 行 人	凃玉雲
出　　版	積木文化
	104台北市民生東路二段141號5樓
	電話：(02) 2500–7696 ｜ 傳真：(02) 2500–1953
	官方部落格：www.cubepress.com.tw
	讀者服務信箱：service_cube@hmg.com.tw
發　　行	英屬蓋曼群島商家庭傳媒股份有限公司城邦分公司
	台北市民生東路二段141號11樓
	讀者服務專線：(02)25007718–9 ｜ 24小時傳真專線：(02)25001990–1
	服務時間：週一至週五09:30–12:00、13:30–17:00
	郵撥：19863813 ｜ 戶名：書虫股份有限公司
	網站：城邦讀書花園 ｜ 網址：www.cite.com.tw
香港發行所	城邦（香港）出版集團有限公司
	香港灣仔駱克道193號東超商業中心1樓
	電話：+852–25086231 ｜ 傳真：+852–25789337
	電子信箱：hkcite@biznetvigator.com
馬新發行所	城邦（馬新）出版集團 Cite（M）　Sdn Bhd
	41, Jalan Radin Anum, Bandar Baru Sri Petaling, 57000 Kuala Lumpur, Malaysia.
	電話：(603) 90563833 ｜ 傳真：(603) 90576622
	電子信箱：services@cite.com.my

美術設計	曲文瑩
製版印刷	上晴彩色印刷製版有限公司

城邦讀書花園
www.cite com tw

【印刷版】　Printed in Taiwan.
2022年10月11日　初版一刷
售　價／NT$599
ISBN 978-986-459-449-8

【電子版】
2022年10月
ISBN 978-986-459-450-4（EPUB）

國家圖書館出版品預行編目資料

米粒Q的環遊世界餐桌/米粒Q(MillyQ)著. --
初版. -- 臺北市：積木文化出版：英屬蓋曼
群島商家庭傳媒股份有限公司城邦分公司發
行, 2022.09
　面；　公分
ISBN 978-986-459-449-8(平裝)

1.CST: 食譜

427.1　　　　　　　　　　　111014339

Hi, 我是 milly2

著特開這本我為你設計的筆記本, 讓我幫你設計屬於自己的完美餐桌. 寫下屬於自己的美味食譜故事

check-list 1:

這是一天之中的哪一餐?

☐ 早餐
☐ 早午餐
☐ 午餐
☐ 下午茶
☐ 晚餐

check-list 2:

將有幾個人享用餐點?

☐ 我自己一個人 :)
☐ 2人
☐ 3-4人
☐ 5-6人
☐ 6-8人
☐ 8-10人
☐ 10-12人
☐ 12人以上 !!!

check-list 3:
請寫下你直至現在最愛的菜色、食物類口味
（儘量多寫一些）

check-list 4:
基於以上，你希望這餐是什麼風格的料理呢？
□ 台式　　　□ 地中海
□ 美式　　　□ 中東
□ 法式　　　□ 其他
□ 日式
□ 韓式

check-list 5:
幫這套餐想個有儀式感的主題吧！

check-list 6：

請寫下你想準備哪些料理菜色：

check-list 7：

請將上述料理的上菜順序排出來：

check-list 8：

以上哪道料理要（前一二步）省時省力選用現成品：

check - αist 9:

在這裡黏貼或畫上你心目中完美餐桌與料理呈現的樣子:

Difficulty: ○ ○ ○ ○ ○

For : _____ persons

prep : _____ minutes

cook : _____ minutes

put your photo
or drawing here !

check-list 10:

根據你的圖片，詳細列出需要準備的食材、
餐具、擺飾。確認哪些需要外出採購，
哪些家裡就能找到派上用場！

Don't ignore your own potential!!!

我的料理計畫書

Date :

Theme :

music :

Time :

I CAN DO THIS!
LET'S GET STARTED!

時間	事項	內容	備註
2-3 pm	超市採買	永春肉片·沙茶醬	肉片要5盒

採購清單 1 — 食材：

100%
product of France!!

採購清單❷ 一 現成品：

Budget-friendly side dish
(or appetizer)

採買清單 3 —— 餐具 & 擺飾：

Bought from Portobello RD. market

MEMO

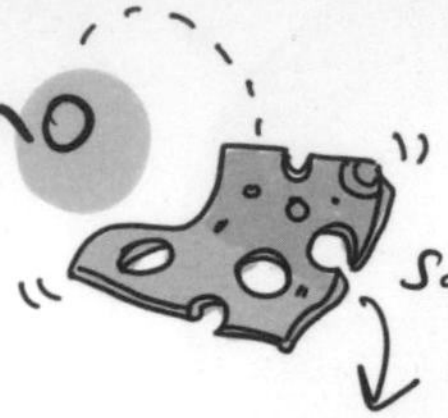

MEMO

Anything is good
if it's made of chocolate!

MEMO

say cheese :) !!

MEMO

Anything is good
if it's made of chocolate!

MEMO

love at first bite!

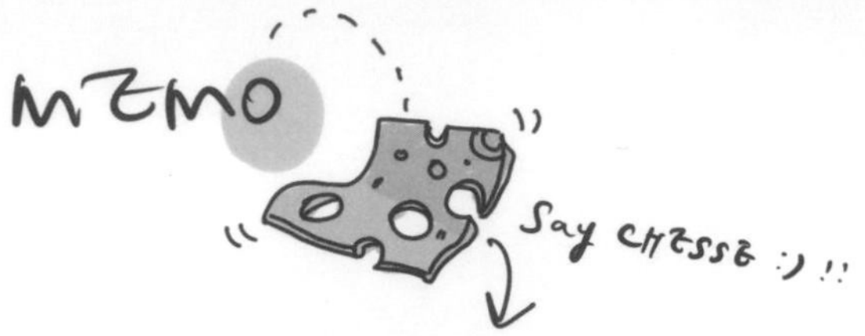
MEMO
Say CHEESE :) !!